卫生职业教育“双高”专业群“十四五”规划
新形态一体化特色教材

U0959116

重组药品生产技术

（活页式教材）

主　编　姜　源　靳　征
副主编　苑新星　刘　涛　温兆林
编　者　（以姓氏笔画为序）
刘　涛　三生制药集团
刘宵达　辽宁医药职业学院
苑新星　辽宁医药职业学院
姜　玥　辽宁医药职业学院
姜　源　辽宁医药职业学院
温兆林　辽宁医药职业学院
靳　征　三生制药集团

華中科技大學出版社
http://press.hust.edu.cn
中国·武汉

内容简介

本书是卫生职业教育“双高”专业群“十四五”规划新形态一体化特色教材。

本书共分为五个工作领域，内容包括基因工程操作技术、微生物发酵技术、细胞培养技术、生物药物分离纯化技术以及生物制品生产技术。本书内容与产业政策、技术标准及行业实际紧密联系，形式灵活，实用性强。

本书可供药品生产技术、生物制药技术等专业学生使用。

图书在版编目(CIP)数据

重组药品生产技术/姜源，靳征主编. —武汉：华中科技大学出版社，2024.5

活页式教材

ISBN 978-7-5772-0296-9

Ⅰ.①重… Ⅱ.①姜… ②靳… Ⅲ.①药物-生产工艺-教材 Ⅳ.①TQ460.6

中国国家版本馆 CIP 数据核字(2024)第 100759 号

重组药品生产技术(活页式教材) 姜 源 靳 征 主编

Chongzu Yaopin Shengchan Jishu(Huoyeshi Jiaocai)

策划编辑：史燕丽

责任编辑：李 佩

封面设计：清格印象

责任校对：朱 霞

责任监印：周治超

出版发行：华中科技大学出版社(中国·武汉) 电话：(027)81321913

武汉市东湖新技术开发区华工科技园 邮编：430223

录 排：华中科技大学惠友文印中心

印 刷：武汉科源印刷设计有限公司

开 本：787mm×1092mm 1/16

印 张：8.75

字 数：161 千字

版 次：2024 年 5 月第 1 版第 1 次印刷

定 价：39.90 元

活页式教材

使用说明

为了积极响应国务院《国家职业教育改革实施方案》（简称职教20条）以及教育部《职业院校教材管理办法》《“十四五”职业教育规划教材建设实施方案》的相关政策和文件精神，围绕深化教学改革和“互联网+职业教育”发展需求，我们开发了一批编排方式科学、配套资源丰富、呈现形式灵活、信息技术应用适当的新型活页式融媒体教材。

与传统普通胶装教材不同，活页式教材通常以单个项目为单位，以活页的形式将项目贯穿起来，强调在知识的理解与掌握的基础上进行实践和应用，适用于以学生为中心的教学模式，更多体现在以学生为主体的前提下，加强教材和学习者之间深层次的互动。本教材采取活页式设计，教材内页通过活页圈的应用，实现了“活教”“活学”“活用”，方便教师和学生根据实际教学情况灵活调整。

本教材的建议使用方式如下：

学生使用说明

1. 可自行添加学习辅助材料，如实训报告、试卷等。
2. 上课时不用带整本书，只带当节课需要的对应内容即可，简单方便。
3. 可根据自我学习进度随时调整学习顺序。

教师使用说明

1. 可及时将新技术、新规范、新标准形成讲义，随时更新教学内容。
2. 可结合数字资源进行线上线下混合式教学，在课前预习、课中学习、课后复习中与活页式教材配套。
3. 可添加教辅资料。

网络增值服务

使用说明

欢迎使用华中科技大学出版社医学资源网 yixue.hustp.com

1 教师使用流程

（1）登录网址：http://yixue.hustp.com（注册时请选择教师用户）

注册 → 登录 → 完善个人信息 → 等待审核

（2）审核通过后，您可以在网站使用以下功能：

下载教学资源　建立课程　管理学生　布置作业　查询学生学习记录等

教师

2 学生使用流程

（建议学生在PC端完成注册、登录、完善个人信息的操作）

（1）PC端操作步骤

①登录网址：http://yixue.hustp.com（注册时请选择普通用户）

注册 → 登录 → 完善个人信息

②查看课程资源：（如有学习码，请在个人中心－学习码验证中先验证，再进行操作）

首页课程（选择课程）› 课程详情页 › 查看课程资源

（2）手机端扫码操作步骤

手机扫码 → 登录 → 查看数字资源

手机扫码 → 注册 → 登录

前言

本书按照药学类及相关专业高职高专教育专业人才的培养目标和规格，以及高职高专受教育者应具有的知识结构与素质能力要求编写而成。本书编写的设计思路是以《国家职业教育改革实施方案》(国发〔2019〕4 号)中关于"建设校企'双元'合作开放教材，倡导使用新型活页式、工作手册式教材"为指导，遵循职业教育的类型特点和教学规律，从高素质劳动者和技术技能型人才的需求出发，并充分考虑高职学生的身心特点和药学相关专业岗位能力的要求，努力提高教材的实用性和职业性，更好地服务于高职高专教育教学。本书主要适用于药品生产技术、生物制药技术专业高职高专学生。其主要特点如下。

(1)校企合作开发，与产业政策、技术标准及行业实际紧密联系。教材内容更贴近企业实际，与岗位工作任务紧密联系，体现"德、规、技"职业素养，使学生专业核心能力得到有效提高。

(2)教材内容可灵活组合，内容丰富，实用性强。本教材面向生物制药技术专业四门专业核心课，根据课程要求不同，能够动态调整，更新新知识、新技能，教材内容灵活搭配，充分满足实际课程的需要。本书以任务为载体，结合岗位情景，模拟生产中的检查清单形式，并按照生产工序进行编排，适当穿插知识链接以拓展学生的知识面和培养学生的创新能力。本书内容包含绝大部分重组药品生产岗位任务，既有必要的基础知识，又有实践操作，既有操作标准，又有自我评价，为学生掌握基本技能提供保障。

本书共分为五个工作领域，内容包括基因工程操作技术、微生物发酵技术、细胞培养技术、生物药物分离纯化技术以及生物制品生产技术。本书编写具体分工如下：工作领域一与工作领域五由姜源、靳征、刘涛编写，工作领域二与工作领域三由温兆林、刘宵达编写，工作领域四由苑新星、姜玥编写。

由于编者水平有限，书中难免存在疏漏和错误，恳请读者多提宝贵意见，以便我们修订完善。

编　者

目录

工作领域一

基因工程操作技术

任务一　质粒 DNA 的提取

扫码看 PPT

一、学习目标

(一)知识目标

(1)了解基因工程载体的分类和要求,碱变性法提取质粒 DNA 的原理。

(2)熟悉基因工程载体的概念和基因工程制药的流程,质粒 DNA 提取时使用的试剂的作用。

(3)掌握质粒 DNA 提取的操作过程。

(二)能力目标

(1)能够简单描述基因工程制药的基本内容。

(2)具有提取质粒 DNA 的能力。

(三)素质目标

(1)具有良好的责任意识及团结协作的精神。

(2)具有认真、细致、严谨的工作作风。

(3)具有勤于思考、善于观察、善于学习的精神。

质粒 DNA 的提取

二、知识链接

(一)基因工程制药的基本工艺流程

基因工程制药的基本工艺流程如图 1-1 所示。

(二)构建 DNA 重组体的目的

基因工程制药的目的是获得目的基因的表达产物,通过使目的基因选择新的宿主表达的方式来完成。在这一过程中,目的基因无法在新的受体细胞中稳定维持并表达,需要利用基因工程载体来辅助完成,因此,需要将目的基因与基因工程载体进行体外 DNA 重组。

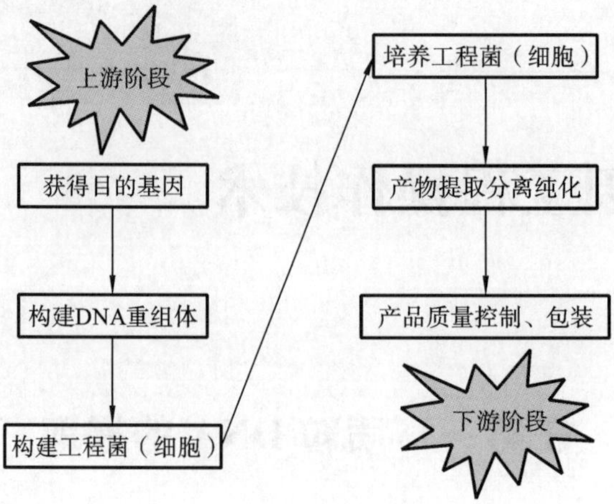

图 1-1　基因工程制药的基本工艺流程

(三)基因工程载体

外源基因自身很难在受体细胞中稳定维持并表达,所以需要有其他 DNA 片段的帮助,这种能承载目的基因并将其带入受体细胞中复制、表达的 DNA 片段称为基因工程载体。

(四)基因工程载体应满足的要求

基因工程载体一般应符合以下基本条件:①能够进入宿主细胞;②可以在宿主细胞中独立复制,即本身是一个复制子,或者能够整合到宿主细胞的染色体中;③要有筛选标记;④对多种限制酶有单一或较少的酶切位点,最好是单一酶切位点。另外,载体不仅要具有上述基本要求,而且还要符合特定的要求,如高拷贝数、具有强启动子和稳定的 mRNA、具有高的分离稳定性和结构稳定性、转化频率高、宿主范围广、插入外源基因容量大、可以重新完整地切出、复制与转录应和宿主相匹配等。

(五)基因工程载体的分类

DNA 重组使用的载体可以分为三大类:①克隆载体,是以繁殖 DNA 片段为目的的载体;②穿梭载体,用于真核生物 DNA 片段在原核生物中的增殖,再转入真核细胞宿主表达;③表达载体,用于目的基因的表达,即胞内表达和分泌表达。

目前已构建应用的基因工程载体有质粒载体、噬菌体载体、病毒载体以及由它们互相组合或与其他基因组 DNA 组合成的载体。

(六)质粒载体的分类和特点

质粒载体是存在于染色体外裸露的双链闭合环状 DNA 分子,是基因工程操作中常用的载体。

1. 质粒载体 pBR322　质粒载体 pBR322 是人们研究最多、使用最广泛的载体。

2. pUC 系列质粒载体 在 pBR322 基础上发展了一些性能更优良的质粒载体，包括 pUC18、pUC19、pUC118、pUC119 等。其中 pUC18/19 结构简单紧凑，具有克隆载体的典型特征（图 1-2）。当有目的基因插入多克隆位点，构成重组质粒时，就会导致这一片段失活，在特定受体细胞中，通过 α-互补作用使菌落呈现出蓝色和白色，可以达到筛选阳性重组子的目的。除此之外，该质粒载体还含有氨苄青霉素抗性基因，亦可作为选择性标记。

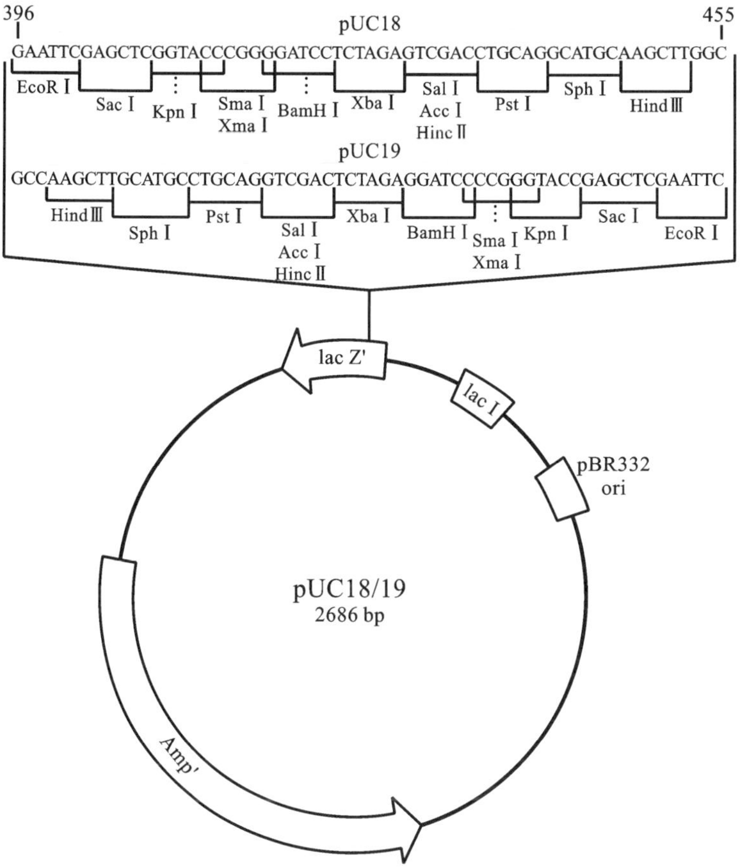

图 1-2 pUC18/19 质粒载体结构示意图

（七）碱变性法提取质粒 DNA 的原理

碱变性法提取质粒 DNA 是基于染色体 DNA 与质粒 DNA 的变性与复性差异而达到分离目的的。在 pH 高达 12.6 的碱性条件下，染色体 DNA 的氢键断裂，双螺旋结构解开而变性，质粒 DNA 的大部分氢键也断裂，但双螺旋共价闭合环状的两条互补链不会完全分开，所以当用 pH 4.8 的 NaAc 高盐缓冲液调节 pH 至中性时，变性的质粒 DNA 又恢复原来的构型，保存在溶液中，而染色体 DNA 不能复性而形成缠连的网状结构，通过离心，染色体 DNA 与不稳定的大分子 RNA、SDS-蛋白质复合物等一起沉淀下来而被除去。

(八)操作中使用的试剂的作用

1. 溶液Ⅰ

(1)溶菌酶:它是糖苷水解酶,能水解菌体细胞壁的主要化学成分肽聚糖中的β-1,4-糖苷键,因而具有溶菌作用。其最适 pH 为 8.0。

(2)葡萄糖:增加溶液的黏度,维持渗透压,防止 DNA 受机械力作用而降解。

(3)EDTA:螯合 Mg^{2+}、Ca^{2+} 等金属离子,抑制 DNase 对 DNA 的降解作用。另外,EDTA 的存在有利于溶菌酶的作用,因为溶菌酶的反应要求在有较低的离子强度的环境中。

2. 溶液Ⅱ

(1)NaOH:DNA 在 $5<pH<9$ 的溶液中是稳定的。但当 $pH>12$ 或 $pH<3$ 时,就会引起双链之间的氢键断裂而变性。溶液Ⅱ中的 NaOH 浓度为 200 mmol/L,加到提取液中时,该系统的 pH 就高达 12.6,因而促使染色体 DNA 与质粒 DNA 的变性。

(2)SDS:离子型表面活性剂。它的主要功能:①溶解细胞膜上的脂质和蛋白质,从而破坏细胞膜;②解聚细胞中的核蛋白;③与蛋白质结合成为 SDS-蛋白质复合物,使蛋白质变性而沉淀下来。

3. 溶液Ⅲ NaAc 的水溶液呈碱性,为了调节 pH 至 4.8,必须加入大量的冰醋酸,所以该溶液实际上是 NaAc-HAc 的缓冲液。用 pH 4.8 的 NaAc 是为了将 pH 12.6 的提取液调节至中性,使变性的质粒 DNA 能够复性,并稳定存在。3 mol/L NaAc 可以中和核酸上的电荷,减少静电斥力,有利于变性的大分子染色体 DNA、RNA 互相聚合而沉淀下来,同时钠盐与 SDS-蛋白质复合物作用后,能形成较小的钠盐形式复合物,使沉淀更完全。

4. 乙醇 乙醇可以任意比例与水混溶,乙醇与核酸不会发生任何化学反应,对 DNA 很安全,是理想的 DNA 沉淀剂。DNA 溶液中 DNA 是以水合状态稳定存在的,当加入乙醇时,乙醇会夺去 DNA 周围的水分子,使 DNA 失水而易于聚合。

三、任务准备

(一)试剂与材料检查清单

试剂与材料	状　态	检查结果
溶液Ⅰ	正常使用	合格 □　不合格 □
溶液Ⅱ	正常使用	合格 □　不合格 □

续表

试剂与材料	状 态	检查结果
溶液Ⅲ	正常使用	合格 □ 不合格 □
TE 缓冲液	正常使用	合格 □ 不合格 □
预冷的无水乙醇	正常使用	合格 □ 不合格 □
大肠杆菌 DH-5α(pUC118)	正常使用	合格 □ 不合格 □
移液器及吸头、EP 管	正常使用	合格 □ 不合格 □

(二)仪器设备检查清单

仪器设备	状 态	检查结果
高速台式离心机	正常待用状态	合格 □ 不合格 □
涡流混合器	正常待用状态	合格 □ 不合格 □

四、任务操作

(1)取 1 ml 菌液于 1.5 ml EP 管中,以 3000 r/min 离心 5 min,弃去上清液,湿菌体在涡流混合器上振荡均匀。

(2)加入 100 μl 溶液Ⅰ,摇匀,冰浴 10 min。

(3)加入 200 μl 溶液Ⅱ,温和振荡,溶液变黏稠且清亮透明,冰浴 10 min。

(4)加入 150 μl 溶液Ⅲ,温和振荡,出现白色沉淀,冰浴 10 min。

(5)4 ℃ 10000 r/min 离心 10 min,将上清液小心倒入另一新 EP 管中,加入 800 μl 预冷的无水乙醇。−20 ℃冰箱中放置 1 h,沉淀 DNA。

(6)4 ℃下以 10000 r/min 离心 10 min,弃去上清液,将 EP 管中所有液体挥发干净。

(7)加入 20 μl TE 缓冲液溶解 DNA。

五、常见问题及注意事项

(1)该任务最重要的是去除染色体 DNA,在全部提取过程中,只有一次机会去除染色体 DNA,其关键步骤是加入溶液Ⅱ和溶液Ⅲ,控制变性与复性操作时机,既要使试剂与染色体 DNA 充分作用使之变性,又要使染色体 DNA 不断裂成小片段,从而能与质粒 DNA 相分离。这就要求试剂与溶菌液充分摇匀,摇动时用力要适度。一般加入溶液Ⅰ时可用力振荡数次,因为此时细菌还没有与溶菌酶完全作用,染色体 DNA 尚未释放出来,不必担心其分子断裂。加入 SDS 后,必须注意不能过分用力振荡,但又必须保证溶液混合充分,可上下颠倒 EP 管数次,直到混合均匀。

(2)加入溶液Ⅱ 5 min 后,如果溶液不变黏稠,实验不能继续进行,要检查所用的试剂是否正确,数量是否符合,待找出原因改正后才可继续进行实验,否则,将得不到质粒 DNA 或收率极低。

(3)加入乙醇沉淀 DNA 时,要将 EP 管盖上盖子并倒翻摇动几次,注意观察水相和乙醇相之间没有分层现象之后,才可以放到冰箱中以沉淀 DNA。

六、结束任务和清场

事　　项	状　　态	检查结果
离心机	清洁后关闭	合格 □　　不合格 □
涡流混合器	清洁后关闭	合格 □　　不合格 □
微生物污染过的器材	灭菌及清洗干净	合格 □　　不合格 □
所用玻璃器皿	清洗干净	合格 □　　不合格 □
废弃物	回收放于指定位置	合格 □　　不合格 □
操作场地	按要求清洁干净	合格 □　　不合格 □

七、任务评价

评价阶段	序号	评价内容	评价标准	评价结果
操作前	1	明确任务要达到的目的	准确说出任务的目的	
	2	明确任务的原理	准确说出任务的原理	
	3	明确任务的操作步骤	准确说出任务的操作步骤	
	4	任务所需试剂和仪器的准备	正确准备所需试剂和仪器	
操作中	5	操作过程	操作规范,方法正确	
	6	仪器的使用	操作规范,方法正确	
	7	操作现象的要求	操作中出现的现象与要求一致	
	8	任务报告	任务报告规范完整,结果正确	
操作后	9	操作时间	按时完成	
	10	清场	按要求完成清场	

任务二 感受态细胞的制备和质粒的转化

扫码看 PPT

一、学习目标

(一)知识目标

(1)了解转化的概念,化合物诱导转化法的基本原理。

(2)熟悉转化子筛选的基本原理。

(3)掌握质粒 DNA 转化的基本流程。

(二)能力目标

(1)具有感受态细胞的制备能力。

(2)具有质粒 DNA 的转化操作能力。

(三)素质目标

(1)具有良好的责任意识及团结协作的精神。

(2)具有认真、细致、严谨的工作作风。

(3)具有勤于思考、善于观察、善于学习的精神。

二、知识链接

(一)感受态细胞及其转化

感受态是指受体菌能接受外源 DNA 能力的一种生理状态。通过生物学、物理学和化学等方法将外源裸露 DNA 分子引入受体细胞,并在受体细胞内稳定维持和表达的过程称为转化(图 1-3)。

(二)表达系统的分类及特点

根据受体细胞细胞核的特点不同,表达系统可分为两类,即原核表达系统和真核表达系统。原核表达系统结构简单,繁殖速度快,副产物少;真核表达系统由于具有翻译后加工修饰的功能,表达出的蛋白质在结构和功能方面更加接近天然蛋白质。

(三)化合物诱导转化法的基本原理

用二价阳离子(如 Mg^{2+}、Ca^{2+}、Mn^{2+})处理某些受体细胞,可以使其成为感受态细胞,即处于能摄取外源 DNA 分子的生理状态的细胞。当外源 DNA 分子溶液同感受态细胞混合时,DNA 分子便可进入细胞,以达到转化的目的。采用这种转化方

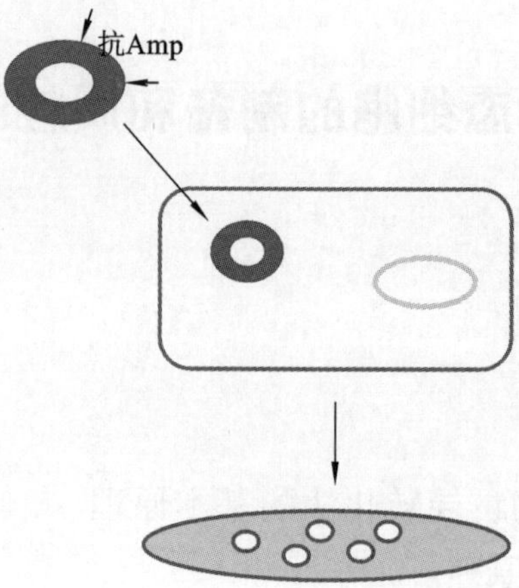

图 1-3　质粒转化示意图

法，1 μg 质粒 DNA 可以获得 $5\times10^6\sim2\times10^7$ 个被转化的菌落(转化子)。这是实验室中常用于微生物的一种转化方法。

(四)转化子的筛选

大多数质粒载体带有抗生素抗性基因，可作为阳性克隆的筛选标记。常见的抗生素抗性基因有氨苄青霉素抗性基因(Amp^r)、卡那霉素抗性基因(Kan^r)、四环素抗性基因(Tet^r)和链霉素抗性基因(Str^r)等。当这样的质粒载体转化到原本无抗生素抗性基因的宿主细胞后，宿主细胞就获得了相应的抗性，能够在含有抗生素的培养基中生长，而没有转化这些质粒载体的宿主细胞就不能够在含有抗生素的培养基中生长，这样就可以筛选出转化有质粒载体的细胞。

三、任务准备

(一)试剂与材料检查清单

试剂与材料	状　态	检查结果
LB 液体培养基	批号：	合格 □　不合格 □
LB 固体培养基	批号：	合格 □　不合格 □
100 mg/ml 氨苄青霉素	正常使用	合格 □　不合格 □
0.1 mol/L $CaCl_2$溶液	正常使用	合格 □　不合格 □
大肠杆菌 DH-5α	正常使用	合格 □　不合格 □
质粒 pUC118(Amp^r)	正常使用	合格 □　不合格 □
移液器及吸头、EP 管	正常使用	合格 □　不合格 □

(二)仪器设备检查清单

仪器设备	状态	检查结果
高速台式离心机	正常待用状态	合格 □　　不合格 □
恒温水浴锅	正常待用状态	合格 □　　不合格 □
恒温培养箱	正常待用状态	合格 □　　不合格 □

四、任务操作

(一)感受态细胞制备

(1)将 20 ml 菌液转移到一个灭菌的 50 ml EP 管中,4 ℃下以 3000 r/min 离心 10 min,弃去上清液(尽可能将所有的上清液去净),收集菌体。

(2)加入 20 ml 用冰预冷的 0.1 mol/L $CaCl_2$ 溶液,重新悬浮菌体,使菌体分散均匀,冰浴 30 min。

(3)以 3000 r/min 离心 10 min,弃去上清液(尽可能将所有的上清液去净)。

(4)加入 20 ml 用冰预冷的 0.1 mol/L $CaCl_2$ 溶液,小心地重新悬浮菌体(操作要轻)。在 4 ℃冰箱中放置 12～24 h,即可应用于 DNA 转化。

(二)质粒转化

(1)取大肠杆菌 DH-5α 新鲜感受态细胞 100 μl 于 1.5 ml EP 管中,加入 50～100 ng 质粒 pUC118(Amp^r),轻轻旋转以混合内容物,在冰浴中放置 30 min。

(2)42 ℃热休克 120 s,不要摇动 EP 管。

(3)加入 LB 液体培养基 900 μl,37 ℃保温 60 min。

(4)取 100 μl 转化液涂布在含 100 μg /ml 氨苄青霉素的 LB 固体培养基平板上,37 ℃倒置培养 16～24 h。

(5)观察平板,长出菌落的就是转化子。

五、常见问题及注意事项

(1)DNA 与感受态细胞混合后,一定要在冰浴条件下操作,如果温度时高时低,转化率极低。

(2)EP 管应盖紧,以免反应液溢出或外面的水进入而被污染。

(3)42 ℃热处理很关键,转移速率要快,温度要准确。

(4)涂布转化液时,要避免反复来回涂布,因为感受态细胞的细胞壁发生了变化,过多的机械挤压涂布会使细胞破裂,影响转化率。

六、结束任务和清场

事　项	状　态	检查结果
高速台式离心机	清洁后关闭	合格 □　不合格 □
恒温水浴锅	清洁后关闭	合格 □　不合格 □
恒温培养箱	清洁后关闭	合格 □　不合格 □
微生物污染过的器材	灭菌及清洗干净	合格 □　不合格 □
所用玻璃器皿	清洗干净	合格 □　不合格 □
废弃物	回收放于指定位置	合格 □　不合格 □
操作场地	按要求清洁干净	合格 □　不合格 □

七、任务评价

评价阶段	序号	评价内容	评价标准	评价结果
操作前	1	明确任务要达到的目的	准确说出任务的目的	
	2	明确任务的原理	准确说出任务的原理	
	3	明确任务的操作步骤	准确说出任务的操作步骤	
	4	任务所需试剂和仪器的准备	正确准备所需试剂和仪器	
操作中	5	操作过程	操作规范,方法正确	
	6	仪器的使用	操作规范,方法正确	
	7	操作现象的要求	操作中出现的现象与要求一致	
	8	任务报告	任务报告规范完整,结果正确	
操作后	9	操作时间	按时完成	
	10	清场	按要求完成清场	

任务三　质粒 DNA 的电泳

扫码看 PPT

一、学习目标

(一)知识目标

(1)了解琼脂糖凝胶的性质,电泳的目的。

(2)熟悉电泳的基本原理。

(3)掌握电泳操作的基本流程。

(二)能力目标

(1)能够完成核酸电泳操作。

(2)具有对电泳结果进行分析判断的能力。

(三)素质目标

(1)具有良好的责任意识及团结协作的精神。

(2)具有认真、细致、严谨的工作作风。

(3)具有勤于思考、善于观察、善于学习的精神。

质粒 DNA 的电泳

二、知识链接

(一)电泳的基本原理

电泳是带电粒子在电场作用下,向着与其电荷相反的电极移动的现象。

电泳分离常需要以凝胶为载体,不同的凝胶电泳需要不同的缓冲液和相应的凝胶,缓冲液起提供离子导电和改变带电粒子电性的作用;凝胶可以支撑分离样品。带电粒子在电场的作用下在凝胶中移动,凝胶中的空隙会对大、小分子产生不同的阻力,使其移动速率不同,从而使目的带与杂质带分离。因为不同浓度的凝胶会形成不同大小的空隙,所以大分子样品应该用浓度低的凝胶。

(二)进行核酸电泳的目的

通过核酸电泳可以对重组子进行鉴定。从平板上挑取菌落,经培养后提取重组 DNA,对重组 DNA 进行单一位点的限制性内切酶酶切,但要注意这时所使用的限制性内切酶应与目的基因和载体进行连接时所使用的限制性内切酶是同一种。经过酶切后,环状重组 DNA 变成线性 DNA,如果是阳性重组子,其重组 DNA 由目的基因与载体构成,分子量大于不携带目的基因的载体的分子量。对这些线性 DNA 片段进行 DNA 琼脂糖凝胶电泳检测就可以发现,来自阳性重组子的 DNA 片段由于分子量较大,迁移率较小,而不携带目的基因的载体片段由于分子量较小,迁移率较大(图 1-4)。通过与 DNA Marker 进行分子量的对比,可以粗略估算出各片段的分子量,初步判断载体上是否携带有目的基因。

(三)琼脂糖凝胶的性质

琼脂糖是从海藻中提取的一种直链多糖,它是由 D-半乳糖和 3,6-脱水-L-半乳糖的残基交替排列组成的线形多聚糖。当琼脂糖加热至 90 ℃左右时,即可形成清亮透明的液体。当琼脂浇在模板上冷却至 40～45 ℃时,即凝固成凝胶。琼脂糖

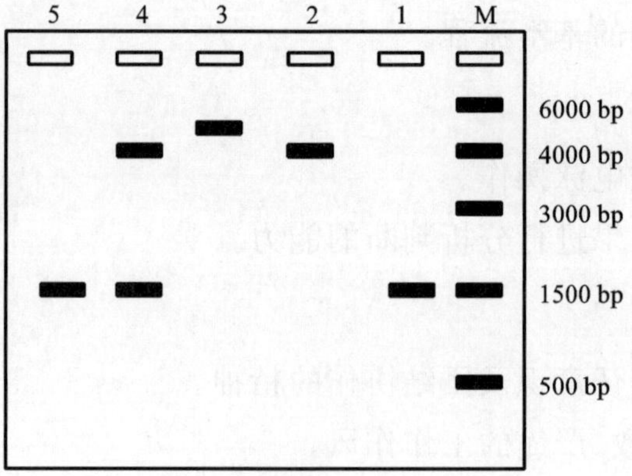

图 1-4　DNA 琼脂糖凝胶电泳示意图

注:M 为 DNA Marker;1 为目的基因;2 为质粒载体;3 为重组 DNA 经单一限制性内切酶酶切;4 为重组 DNA 经两种限制性内切酶酶切;5 为以重组 DNA 为模板进行 PCR 扩增的目的基因。

有一定的亲水性,不含有带电荷的基团,不引起 DNA 变性,也不吸附被分离的物质,因此是一种很好的凝胶剂。琼脂糖凝胶可用于区分相差 100 bp 的 DNA 片段。

(四)DNA 分子的迁移率

影响 DNA 分子在电泳中迁移率的因素是多方面的,除了 DNA 分子的大小与构型外,还有琼脂糖凝胶的浓度、电压大小、缓冲液的 pH 和电泳时的温度等。

三、任务准备

(一)试剂与材料检查清单

试剂与材料	状　态	检查结果
λDNA/HindⅢ Marker	正常使用	合格 □　　不合格 □
溴酚蓝指示剂点样缓冲液	正常使用	合格 □　　不合格 □
Gold View 溶液	正常使用	合格 □　　不合格 □
电泳缓冲液(TAE)	正常使用	合格 □　　不合格 □
琼脂糖	正常使用	合格 □　　不合格 □
质粒 pUC118(Amp^r)	正常使用	合格 □　　不合格 □
电泳槽	正常使用	合格 □　　不合格 □
移液器及吸头、EP 管	正常使用	合格 □　　不合格 □

(二)仪器设备检查清单

仪器设备	状态	检查结果
电泳仪	正常待用状态	合格 □　不合格 □
透射紫外观察仪	正常待用状态	合格 □　不合格 □
天平	正常待用状态	合格 □　不合格 □

四、任务操作

(一)制胶

将电泳胶膜放入制胶装置中,并将点样梳子架在胶膜有深色宽带的一端。称取0.35 g琼脂糖于锥形瓶中,加入50 ml TAE,盖上塞子,沸水浴加热至琼脂糖完全溶解,待冷却至60 ℃左右时,加入5～10 μl Gold View溶液,摇匀,倒入胶膜中。待琼脂糖凝胶凝固后,在室温放置20 min,小心拔掉点样梳子,保持点样孔完好。

(二)加缓冲液

将电泳胶膜放入电泳槽中(注意点样孔一端放在负极)(图1-5),加入TAE,使液面高出胶面1～2 mm。如果点样孔内有气泡,用吸管小心吸出,以免影响加样。

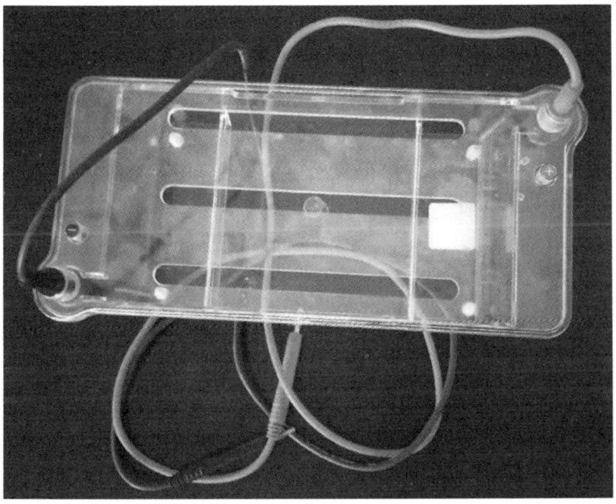

图1-5　水平电泳槽

(三)点样

在20 μl样品中加入4 μl溴酚蓝指示剂点样缓冲液,混匀,用微量移液器取20 μl混合液加入点样孔内,记录点样顺序。

(四)电泳

盖上电泳槽盖,打开电源开关,调节电泳仪(图 1-6)电压,每厘米电压最高不超过 5 V(100～150 V 恒压电泳),时间为 90 min,开始电泳。

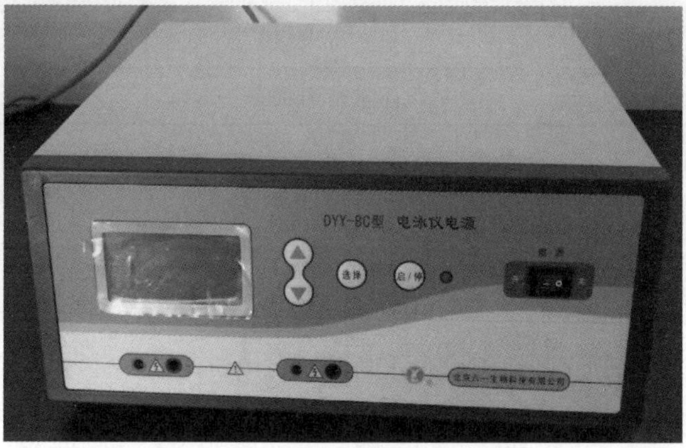

图 1-6　电泳仪

(五)观察

电泳完毕后,关闭电源,取出凝胶,尽可能将电泳缓冲液晾干,在波长 254 nm 的透射紫外观察仪下观察。

五、常见问题及注意事项

(1)加热溶解琼脂糖时应不断摇动锥形瓶,使附于壁上的颗粒完全溶解。

(2)用波长 254 nm 的紫外线进行观察,效果比用波长 366 nm 的紫外线清晰,但产生的切口 DNA 量也较高。紫外线对眼睛有害,不能长时间观察。

六、结束任务和清场

事　　项	状　　态	检查结果
电泳仪	清洁后关闭	合格 □　　不合格 □
透射紫外观察仪	清洁后关闭	合格 □　　不合格 □
微生物污染过的器材	灭菌及清洗干净	合格 □　　不合格 □
所用玻璃器皿	清洗干净	合格 □　　不合格 □
废弃物	回收放于指定位置	合格 □　　不合格 □
操作场地	按要求清洁干净	合格 □　　不合格 □

七、任务评价

评价阶段	序号	评 价 内 容	评 价 标 准	评价结果
操作前	1	明确任务要达到的目的	准确说出任务的目的	
	2	明确任务的原理	准确说出任务的原理	
	3	明确任务的操作步骤	准确说出任务的操作步骤	
	4	任务所需试剂和仪器的准备	正确准备所需试剂和仪器	
操作中	5	操作过程	操作规范，方法正确	
	6	仪器的使用	操作规范，方法正确	
	7	操作现象的要求	操作中出现的现象与要求一致	
	8	任务报告	任务报告规范完整，结果正确	
操作后	9	操作时间	按时完成	
	10	清场	按要求完成清场	

任务四　基因的 PCR 扩增

扫码看 PPT

一、学习目标

（一）知识目标

（1）了解引物的设计原则，非特异扩增产物出现的原因。

（2）熟悉 PCR 的原理，引物的作用。

（3）掌握基因 PCR 的操作过程。

（二）能力目标

（1）正确配制 PCR 反应溶液。

（2）正确操作 PCR 扩增仪进行基因的体外扩增。

（三）素质目标

（1）具有良好的责任意识及团结协作的精神。

（2）具有认真、细致、严谨的工作作风。

（3）具有勤于思考、善于观察、善于学习的精神。

二、知识链接

(一)PCR的概念及其作用

PCR即聚合酶链式反应，是一种用于放大扩增特定的DNA片段的分子生物学技术，它可以看作生物体外的特殊DNA复制(图1-7)。

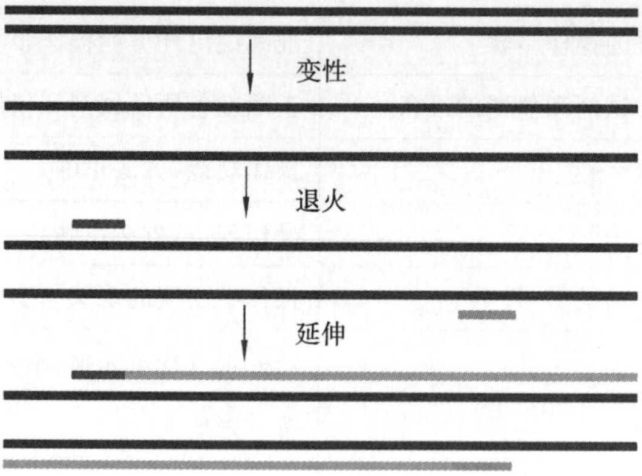

图1-7　PCR反应原理示意图

DNA在体外95 ℃高温时变性，会变成单链，低温(经常是60 ℃左右)时引物与单链按碱基互补配对的原则结合，再调节温度至DNA聚合酶的最适反应温度(72 ℃左右)，DNA聚合酶将沿着磷酸到五碳糖(5′→3′)的方向合成互补链。基于DNA聚合酶制造的PCR扩增仪实际上就是一个温控设备，能在变性温度、复性温度、延伸温度之间很好地进行控制。

PCR可用于基因工程中目的基因的获得，原核生物可直接对基因组的基因进行PCR操作；真核生物往往以mRNA为模板，合成互补DNA，称为反转录PCR。

(二)PCR的基本原理和过程

PCR类似于DNA的天然复制过程，其特异性依赖于与靶序列两端互补的寡核苷酸引物。PCR由变性、退火(复性)、延伸三个基本反应步骤构成。①模板DNA的变性：加热至90～95 ℃一段时间后，模板DNA双链或经PCR扩增形成的DNA双链解离，成为单链，以便与引物结合，为下一轮反应做准备。②模板DNA与引物的退火(复性)：模板DNA经加热变性成单链后，将温度降至50～60 ℃，引物与模板DNA单链的互补序列配对结合。③引物的延伸：DNA模板-引物结合物在DNA聚合酶的作用下，于70～75 ℃，以dNTP为反应原料、靶序列为模板，按碱基互补配对与半保留复制原理，合成一条新的与模板DNA链互补的半保留复制链。重复循环变性—退火—延伸三个过程，就可获得更多的“半保留复制链”，而且这种新链又可成为下次循环的模板。每完成一个循环需2～4 min，2～3 h就能将目的基因扩增放大几百万倍。

（三）出现非特异扩增产物的原因及解决方法

（1）背景 DNA 有与引物同源性高的其他位点，可通过在两条引物的内侧序列上再使用另外一条或两条引物对扩增的产物 DNA 再做 PCR 扩增。

（2）退火温度太低可造成引物与模板的非特异性位点部分配对而不解离，适当提高退火温度可解决问题。

（3）过量的酶、引物和 dNTP 可使反应发生混乱，适当降低这些试剂的量可解决问题。

三、任务准备

（一）试剂与材料检查清单

试剂与材料	状　态	检查结果
PCR 反应试剂盒	正常使用	合格 □　　不合格 □
模板 DNA	正常使用	合格 □　　不合格 □
引物	正常使用	合格 □　　不合格 □
移液器及吸头、薄壁 EP 管	正常使用	合格 □　　不合格 □

（二）仪器设备检查清单

仪器设备	状　态	检查结果
PCR 自动扩增仪	正常待用状态	合格 □　　不合格 □
离心机	正常待用状态	合格 □　　不合格 □

四、任务操作

（一）准备 PCR 反应溶液

（1）取 0.5 ml 薄壁 EP 管一支，用微量移液器按以下顺序加各种试剂。

2×缓冲液 25 μl、dNTP 10 μl，引物 P1 2 μl、引物 P2 2 μl，模板 DNA 2 μl、ddH_2O 8 μl、Taq 酶 1 μl。

（2）用手指轻弹 EP 管底部，使溶液混合均匀。在台式离心机中离心 2 s，以集中溶液于管底。

（二）PCR 扩增反应

将加好样品的 EP 管放在 PCR 自动扩增仪样品板上（图 1-8），95 ℃加热

10 min,使模板充分变性,然后按以下步骤进行反应,做25～35个循环:93 ℃ 30 s—55 ℃ 45 s—72 ℃ 45 s。

反应完毕,将样品取出置于冰浴中待用。

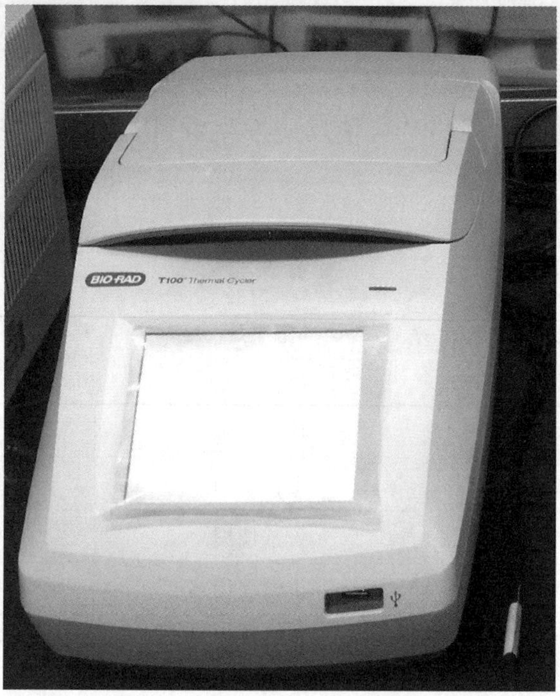

图1-8　PCR自动扩增仪

(三)结果检测

本实验PCR扩增的产物DNA片段长度为609 bp,适合在1.0%琼脂糖凝胶中进行电泳。

五、常见问题及注意事项

控制好循环的温度、时间和循环次数,避免非特异扩增产物的出现。

六、结束任务和清场

事　项	状　态	检查结果
PCR自动扩增仪	清洁后关闭	合格 □　不合格 □
离心机	清洁后关闭	合格 □　不合格 □
微生物污染过的器材	灭菌及清洗干净	合格 □　不合格 □
所用玻璃器皿	清洗干净	合格 □　不合格 □
废弃物	回收放于指定位置	合格 □　不合格 □
操作场地	按要求清洁干净	合格 □　不合格 □

七、任务评价

评价阶段	序号	评 价 内 容	评 价 标 准	评价结果
操作前	1	明确任务要达到的目的	准确说出任务的目的	
	2	明确任务的原理	准确说出任务的原理	
	3	明确任务的操作步骤	准确说出任务的操作步骤	
	4	任务所需试剂和仪器的准备	正确准备所需试剂和仪器	
操作中	5	操作过程	操作规范,方法正确	
	6	仪器的使用	操作规范,方法正确	
	7	操作现象的要求	操作中出现的现象与要求一致	
	8	任务报告	任务报告规范完整,结果正确	
操作后	9	操作时间	按时完成	
	10	清场	按要求完成清场	

工作领域二

微生物发酵技术

任务一　菌种选育与保藏

扫码看 PPT

一、学习目标

（一）知识目标

（1）掌握菌种选育的主要方法和步骤。

（2）熟悉微生物的保藏原理和方法。

（3）了解主要的工业发酵微生物及其代谢产物。

（二）能力目标

（1）能进行菌种的分离和突变株的筛选。

（2）能根据菌种的特点采取合适的保藏方法。

（三）素质目标

（1）具有良好的责任意识及团结协作的精神，具有服务国家、服务人民的社会责任感。

（2）具有认真、细致、严谨的工作作风，具有良好的职业道德、实事求是的工作态度。

（3）具有勤于思考、善于观察、善于学习的精神。

（4）具有无菌意识及微生物的无菌操作技能，树立安全性与有效性的菌种选育观念，树立并践行社会主义核心价值观，具有敬业精神。

二、知识链接

（一）菌种选育在发酵工业中的定位

菌种选育、发酵工艺和分离提取工艺是微生物工业化发酵的三个技术领域。其中，菌种选育在微生物药物的发酵生产中起着非常重要的作用。

为了达到这种高度的代谢特异性，需要利用诱变或重组等手段进行遗传改造，按照人们设定的方向大量积累目的产物。菌种选育工作可以大幅度提高微生物发酵的产量，促进微生物发酵工业的迅速发展。菌种选育方法主要有自然选育、诱变育种、杂交育种、基因工程育种，见下表。

菌种选育方法	特　　点
自然选育	时间长，盲目性强
诱变育种	时间长，盲目性强，工作量大
杂交育种	受物种亲缘性限制
基因工程育种	不受亲缘性限制，定向

(二)菌种选育的概念

不经过人工处理，利用菌种的自然突变而进行菌种筛选的过程称为自然选育或自然分离。基于发酵工业对生产菌种的要求，采取恰当的方法选育出发菌株，或对生产菌种进行自然选育，淘汰衰退的菌株，保存优良的菌株。

(三)工业发酵菌种的来源

工业发酵菌种主要有 3 种来源，见图 2-1。

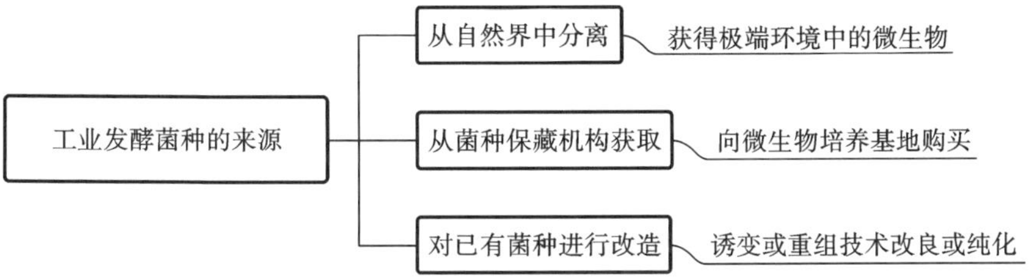

图 2-1　工业发酵菌种来源

1. 从自然界中分离　自然界是工业发酵菌种的最初来源，在一些极端的自然环境中存在的微生物，具有其他微生物无法比拟的特性。

2. 从菌种保藏机构获取　根据资料直接向科研单位、高等院校、工厂或菌种保藏部门索取或购买。

3. 对已有菌种进行改造　对野生菌株通过诱变或重组技术等方式进行人工育种或对现有的生产菌种进行改良或纯化，筛选发生正突变的优良菌种。

(四)诱变育种的概念

从自然界筛选得来的菌株，药物代谢合成能力低。已用于工业生产的菌株，要想使菌种产量不断提高，也必须不断地进行菌种选育和改良。诱变育种具有速率快、效率高、方法简便等优点，是当前菌种选育的一种主要方法。

诱变育种是指通过人工方法处理菌株,使之发生突变,并运用合理的筛选程序和方法,将适合人类需要的优良菌株选育出来的过程。通过诱变育种不仅能够改善菌种特性,提高有效产物的产量,改进产品质量,简化工艺条件,还可以开发新品种、产生新物质。

(五)诱变剂

凡能提高突变频率的因素统称为诱变剂,诱变剂的种类很多,主要包括物理诱变剂、化学诱变剂和生物诱变剂。

物理诱变剂对微生物的诱变作用主要是由高能辐射导致生物系统损伤,继而发生遗传变异的一系列复杂的连锁反应过程。物理诱变剂有紫外线、快中子、超声波、电磁波等各种射线,紫外线是目前使用最方便且十分有效的诱变剂,能够导致嘧啶二聚体形成,使DNA复制过程中的碱基无法正常配对,造成错义突变或缺失,从而诱发突变。

(六)诱变育种的一般步骤

诱变育种的整个流程包括诱变和筛选两个部分。诱变能否成功的关键是出发菌株的选择、诱变剂的选择和使用、筛选方法的合理性。诱变育种是诱变和筛选过程的不断重复,直到获得高产菌株。

1.出发菌株的选择 工业上用来进行诱变处理的菌株,称为出发菌株。选择具有优良性状的出发菌株,如产量高、产孢子早而多、生长速率快等有利于合成发酵产物的特性。

2.制备菌悬液 制备单细胞混悬液时首先要求细胞处于合适的生长状态,它对诱变处理会产生很大影响。其次,所处理的细胞必须处于均匀而分散的单细胞悬液中。

3.诱变处理 该步骤关键是诱变剂的选择和诱变剂量的确定。不同种类和不同生长阶段的微生物对同一种诱变剂的敏感程度不同,不同诱变剂对同一种微生物的作用效果也不同。

4.变异菌株的筛选 筛选分为初筛和复筛。初筛以迅速筛出大量的达到初步要求的分离菌落为目的,以量为主。复筛则是精选,以质为主,也就是以精确度为主,主要以产物的量来衡重,主要采用摇瓶或发酵罐发酵。

(1)基本培养基:仅能满足野生型菌株生长需要的培养基。对不同的菌株,基本培养基也不相同。

(2)完全培养基:可满足一切营养缺陷型菌株营养需要的天然或半组合培养基。完全培养基营养丰富、全面,一般可在基本培养基中加入富含氨基酸、维生素和碱基之类的天然物质配制而成。

三、任务准备

(一)试剂与材料检查清单

试剂与材料	状　态	检查结果
大肠杆菌	正常使用	合格 □　不合格 □
链霉素(100 μg/ml)	正常使用	合格 □　不合格 □
牛肉膏蛋白胨营养琼脂培养基	正常使用	合格 □　不合格 □
牛肉膏蛋白胨营养肉汤培养基	正常使用	合格 □　不合格 □
生理盐水、培养皿、涂布棒、移液管、滴管、离心管、磁力搅拌棒	正常使用	合格 □　不合格 □

(二)仪器设备检查清单

仪器设备	状　态	检查结果
高速台式离心机	正常使用	合格 □　不合格 □
恒温培养箱	正常使用	合格 □　不合格 □
涡流混合器	正常使用	合格 □　不合格 □
紫外灯	正常使用	合格 □　不合格 □

四、任务操作

(一)制备菌液

从已活化的斜面菌种中挑一环大肠杆菌于装有 5 ml 牛肉膏蛋白胨营养肉汤培养基的无菌离心管中，置于 37 ℃条件下培养 16 h 左右，3500 r/min 离心 10 min，弃上清液，再用生理盐水洗涤 2 次，弃上清液，重新悬浮于 5 ml 生理盐水中。将两支离心管的菌液一并倒入装有玻璃珠的锥形瓶中，充分振荡以分散细胞，然后吸取 3 ml菌液于装有磁力搅拌棒的培养皿中。

(二)紫外线照射

1. 预热紫外灯　紫外灯功率 15 W，照射距离 30 cm，照射前先开灯预热 30 min。

2. 照射　装有磁力搅拌棒的培养皿，先照射 1 min 后，再打开皿盖，并计时，照射达 2 min 后，盖上皿盖，关闭紫外灯。

(三)增殖培养

照射完毕后,用无菌滴管将菌液吸到含有 3 ml 牛肉膏蛋白胨营养肉汤培养基的离心管中,混匀后用黑纸包裹严密,置于 3 ℃下培养过夜。

(四)制备梯度培养皿

取 10 ml 牛肉膏蛋白胨营养琼脂培养基于直径 9 cm 的培养皿中,立即将培养皿斜放,使高处的培养基正好位于皿边与底的交接处。待凝固后,将培养皿平放,加入含有链霉素(100 μg/ml)的牛肉膏蛋白胨营养琼脂培养基 10 ml。凝固后,便得到链霉素浓度从 100 μg/ml 到 0 逐渐递减的梯度培养皿,在皿底做一个"↑"符号标记,以示药物浓度由低到高的方向。

(五)涂布菌液

将增殖后的菌液 3500 r/min 离心 10 min,弃上清液,再加入少量生理盐水,制成浓的菌液后将全部菌液涂布于梯度培养皿上,并将它倒置于 37 ℃恒温培养箱中培养 24 h,然后将出现于高浓度区域内的单菌落分别接种于斜面上,经培养后再做抗药性测定。

(六)实验结果

将紫外线诱变育种的抗药性测定结果记录于下表。

菌株号	10 μg/ml	20 μg/ml	30 μg/ml	40 μg/ml	对照平板
1					
2					
3					

结论:你选到抗药菌株(　　)株,最高抗药性达(　　)μg/ml。

五、常见问题及注意事项

(1)紫外线对人体,尤其对人的眼睛和皮肤有伤害,长时间与紫外线接触会造成灼伤,操作尽量控制在防护罩内。

(2)紫外灯功率 15 W,照射距离为 30 cm,先照射 1 min 后,再打开皿盖,并计时,照射达2 min后盖上皿盖,关闭紫外灯。

(3)增殖培养要在暗室中培养,防止光复活作用。

(4)制备梯度平板,要做药物浓度由低到高方向的标记。

六、结束任务和清场

事　　项	状　　态	检查结果
恒温培养箱	正常运行	合格 □　　不合格 □
离心机	清洁后关闭	合格 □　　不合格 □
涡流混合器	清洁后关闭	合格 □　　不合格 □
微生物污染过的器材	灭菌及清洗干净	合格 □　　不合格 □
所用玻璃器皿	清洗干净	合格 □　　不合格 □
废弃物	回收放于指定位置	合格 □　　不合格 □
操作场地	按要求清洁干净	合格 □　　不合格 □

七、任务评价

评价阶段	序号	评价内容	评价标准	评价结果
操作前	1	明确任务要达到的目的	准确说出任务的目的	
	2	明确任务的原理	准确说出任务的原理	
	3	明确任务的操作步骤	准确说出任务的操作步骤	
	4	任务所需试剂和仪器的准备	正确准备所需试剂和仪器	
操作中	5	操作过程	操作规范，方法正确	
	6	仪器的使用	操作规范，方法正确	
	7	操作现象的要求	操作中出现的现象与要求一致	
	8	任务报告	任务报告规范完整，结果正确	
操作后	9	操作时间	按时完成	
	10	清场	按要求完成清场	

任务二　培养基的制备与灭菌

扫码看 PPT

一、学习目标

（一）知识目标

（1）掌握液体培养基的概念，培养基的成分组成。

(2)熟悉影响培养基质量的因素。

(3)掌握灭菌的概念,灭菌的原理,影响培养基灭菌的因素。

(二)能力目标

(1)熟练掌握不同培养基的配制方法。

(2)学会培养基配制过程中使用仪器的灭菌操作,学会运用培养基制备原则解决培养基配制过程中出现的问题。

(3)熟练掌握培养基的灭菌技术及高压蒸汽灭菌锅的使用。

(三)素质目标

(1)具有良好的责任意识及团结协作的精神,具有服务国家、服务人民的社会责任感。

(2)具有认真、细致、严谨的工作作风,具有良好的职业道德、实事求是的工作态度。

(3)具有勤于思考、善于观察、善于学习的精神。

(4)具有无菌意识及微生物的无菌操作技能,树立安全性与有效性的菌种选育观念,树立并践行社会主义核心价值观,具有敬业精神。

二、知识链接

(一)培养基的概念

培养基是按照微生物生长繁殖或积累代谢产物所需要的各种营养物质,用人工的方法配制而成的营养物质。不同微生物的细胞组成成分不同,所需的营养物质不同;培养微生物的目的不同,营养物质的来源不同,对培养基的配制要求也不同,必须合理地选择特定的营养配比。

(二)培养基的配制原则

1. 根据微生物的营养需要配制不同的培养基 微生物种类繁多,其所需营养物质各不相同,常见微生物的培养基见下表。

种　类	培 养 基
细菌	牛肉膏蛋白胨培养基
放线菌	高氏 1 号合成培养基
酵母菌	麦芽汁培养基
霉菌	察氏培养基

2. 注意各营养物质的浓度与配比 微生物只有在其所需营养物质浓度合适时

才能良好地生长或代谢。在培养基中，碳源和氮源之比、无机盐离子浓度的高低，甚至在同一培养基中多种氮源的占比，都可能影响微生物代谢、激活或抑制其生长繁殖。

3. 调节适宜的 pH 微生物的代谢一般在一定的酸碱条件下才能进行，不适宜的 pH 会影响菌体的代谢，进而影响或抑制微生物的生长繁殖。

4. 选廉价、易获得的原料作为培养基的成分 在发酵工业中，培养基用量很大，要考虑降低生产成本。

（三）培养基的成分

不同种类的培养基一般都含有微生物生长所需的碳源、氮源、磷源、无机盐、生长因子和水分等营养物质，且各物质占比应合适。

碳源是培养基的主要营养成分之一，用于构成菌体细胞和代谢产物的碳素来源，并为微生物的生长繁殖和代谢活动提供能源。

氮源是培养基的主要营养成分之一，主要用于构成菌体细胞物质和代谢产物的氮素来源。常用的氮源可分成有机氮源和无机氮源两大类。

（四）培养基的分类

1. 按成分不同划分

（1）天然培养基：这类培养基含有化学成分还不清楚或化学成分不恒定的天然有机物，也称非化学限定培养基。牛肉膏蛋白胨培养基和麦芽汁培养基就属于此类。

（2）合成培养基：合成培养基是由化学成分完全清楚的物质配制而成的培养基，也称为化学限定培养基，高氏 1 号培养基和察氏培养基就属于此种类型。合成培养基重复性强，但与天然培养基相比其成本较高，微生物在其中生长速率较慢。

2. 根据物理状态划分 根据培养基中凝固剂的有无及含量的多少，可将培养基划分为固体培养基、半固体培养基和液体培养基三种类型。

（1）固体培养基：在液体培养基中加入一定量凝固剂，使其成为固体状态即为固体培养基。常用的凝固剂有琼脂、明胶和砖胶。固体培养基常用来进行微生物的分离、鉴定，活菌计数及菌种保藏等。

（2）半固体培养基：半固体培养基中凝固剂的含量比固体培养基少，培养基中琼脂含量一般为 0.2%～0.7%。半固体培养基常用来观察微生物的运动特征及分类鉴定等。

（3）液体培养基：液体培养基中未加任何凝固剂。在用液体培养基培养微生物时，通过振荡或搅拌可以增加培养基的通气量，同时使营养物质分布均匀。液体培养基常用于大规模工业生产以及在实验室进行微生物的基础理论和应用方面的研究。

(五)高压蒸汽灭菌概述

高压蒸汽灭菌:简便、经济、可靠、无毒,是最可靠、应用最广泛的灭菌方法。

灭菌原理:水的沸点可随压力的增大而升高,当高压蒸汽灭菌锅中水煮沸时,因锅是密闭的,蒸汽不能逸出,而使锅内压力增大,水的沸点和温度也随之升高。因此,高压蒸汽灭菌利用高压蒸汽产生的高温,以及热蒸汽的穿透能力来达到灭菌的目的。一般蒸气压力为 1.05 kg/cm^2时,温度可达 121 ℃,只要维持 15～20 min,就可杀死微生物的营养体和它们的各种孢子。

此法适用于耐高温和潮湿的物品。常用条件:115.5 ℃、30 min,121 ℃、20 min,126.5 ℃、15 min。高压蒸汽灭菌锅见图 2-2。

图 2-2 高压蒸汽灭菌锅

(六)消毒与灭菌

消毒是指杀死病原微生物,但不一定能杀死细菌、孢子。物体经消毒处理后,虽仍有少数微生物未被杀死,但已不会引起有害作用。

灭菌是指用物理或化学方法杀灭物体表面和内部所有微生物的营养体和孢子。所以经过灭菌后的物体是无菌的。

（七）常用灭菌法

1. 加热法 可分为干热灭菌法和湿热灭菌法两类。

（1）干热灭菌法：常见的有火焰灭菌法、烧灼灭菌法、干烤灭菌法和红外线灭菌法等。

（2）湿热灭菌法：通过热蒸汽或沸水使蛋白质变性而杀灭微生物的方法。湿热穿透力强，灭菌效果较干热好，是发酵工业常用的灭菌方法。

2. 化学灭菌法 利用化学试剂形成的气体来杀灭微生物的方法。

3. 过滤除菌法 利用细菌不能通过致密具孔滤材的原理，除去对热不稳定的药品溶液或液体物质中的细菌的方法。过滤除菌法一般只能除菌，不能除去支原体和病毒。

4. 辐射灭菌法 如利用紫外线、红外线、微波、X 射线、Y 射线等辐射来杀灭微生物的方法。

三、任务准备

（一）试剂与材料检查清单

试剂与材料	状　态	检查结果
牛肉膏	正常使用	合格 □　不合格 □
蛋白胨	正常使用	合格 □　不合格 □
NaCl	正常使用	合格 □　不合格 □
琼脂	正常使用	合格 □　不合格 □
1 mol/L NaOH	正常使用	合格 □　不合格 □
1 mol/L HCl	正常使用	合格 □　不合格 □
无菌器材：烧杯、锥形瓶、量筒、漏斗、试管及试管塞、玻璃棒、滴管	正常使用	合格 □　不合格 □
其他：pH 试纸、药匙、牛皮纸、棉花、线绳、记号笔	正常使用	合格 □　不合格 □

（二）仪器设备检查清单

仪器设备	状　态	检查结果
电子天平	正常使用	合格 □　不合格 □
高压蒸汽灭菌锅	正常使用	合格 □　不合格 □

四、任务操作

1. 称量 取一个干净烧杯，先称取0.5 g牛肉膏和1 g蛋白胨(牛肉膏常用玻璃棒挑取)，放在小烧杯或表面皿中称量，用热水(计量体积)溶解后倒入烧杯(也可放在称量纸上，称量后直接放入水中。这时如稍微加热，牛肉膏便会与称量纸分离，然后立即取出纸片)。蛋白胨易吸潮，称取时动作要快。将称好的0.5 g NaCl加入水中，然后补足100 ml水，在烧杯上做好水位记号。

另外，称量药品时严防药品混杂，一把药匙用于一种药品，或称取一种药品后，洗净、擦干药匙，再称取另一种药品。

2. 加热溶解 将烧杯放在石棉网上，用文火加热并不断搅拌，以防液体溢出(或在磁力搅拌器上加热溶解)。加入1.6 g琼脂后，一边搅拌一边加热，直至琼脂完全溶解后才能停止搅拌，并补足水分至100 ml(水需预热)。

在琼脂溶解过程中，应控制火力，以免培养基因沸腾而溢出容器。同时，需不断搅拌，以防琼脂糊底烧焦。配制培养基时，不可用铜或铁锅加热溶解，以免离子进入培养基中，影响细菌生长。

3. 调节pH 初配好的牛肉膏蛋白胨培养液是偏酸性的，因此要用pH试纸(或pH电位计、氢离子浓度比色计)测试培养基的pH。如不符合需要，可用1 mol/L HCl或1 mol/L NaOH调pH至7.0～7.4。若过酸，则用滴管向培养基中逐滴加入NaOH，边加边搅拌，并随时用pH试纸测其pH，直至pH达到所要求范围。反之，用1 mol/L HCl进行调节。

对于有些对pH要求较精确的微生物，其pH的调节可用酸度计进行(使用方法可参考有关说明书)。pH不要调过头，以避免回调而影响培养基内各离子的浓度。配制pH低的琼脂培养基时，若预先调好pH并在高压蒸汽下灭菌，则琼脂因水解而不能凝固。因此，应将培养基的成分和琼脂分开灭菌后再混合，或在中性pH条件下灭菌，再调整pH。

4. 过滤 以4层纱布趁热过滤。

5. 分装培养基 如果要制作斜面培养基，须将培养基分装于试管中。如果要制作平板培养基或液体、半固体培养基，则须将培养基分装于锥形瓶内。分装完后塞好瓶塞，并在瓶塞部分包好牛皮纸，用绳捆扎。然后贴上标签，注明培养基名称、配制日期及组别。

6. 加塞 培养基分装完毕后，在试管口或锥形瓶口加上棉塞，以过滤空气防止外界杂菌污染培养基或培养物，并保证容器内培养的需氧菌能够获得无菌空气。

7. 扎口 加塞后，再在棉塞外包一层防潮纸，以避免灭菌时棉塞被冷凝水沾湿，并防止接种前培养基水分散失或污染杂菌。然后用线绳捆扎并注明培养基名称、配制日期及组别。

8. 灭菌 一般采用高压蒸汽灭菌，121 ℃，20 min。若不能立即灭菌，培养基应放入冰箱。

9. 摆斜面或倒平板 灭菌后，如需制成斜面培养基，应待培养基冷却至50～60 ℃（以防止斜面上冷凝水太多）后，将试管口一端搁在玻璃棒或其他高度适中的木棒上，调整搁置的斜度，使斜面的长度不超过试管总长的一半。

10. 无菌检查 将已灭菌的培养基放入37 ℃恒温培养箱内培养过夜，无菌生长为合格培养基。

11. 保存 暂不使用的无菌培养基，可在冰箱内或冷暗处保存，但不宜保存过久。

12. 实验结果 所配制的牛肉膏蛋白胨培养基应符合卫生要求，存放备用。将取出的灭菌培养基放入37 ℃恒温培养箱培养24 h，经检查，无杂菌生长，即可待用。

五、常见问题及注意事项

（1）加热过程中要用玻璃棒不停搅拌，否则牛肉膏和蛋白质溶解不均匀，培养基不好用。

（2）火力不能太大，微沸之后，过一会儿即可停止加热，否则液体剧烈沸腾很危险。

（3）配比要合适，牛肉膏可以直接在要加热的烧杯中称量，避免牛肉膏沾到称量纸上过多，影响培养基质量。

（4）灭菌完毕后，不可放气减压，否则瓶内液体会剧烈沸腾，冲掉瓶塞而外溢甚至导致容器爆裂，须待灭菌器内压力降至与大气压相等后才可开盖。

（5）待灭菌的物品放置不宜过密。

（6）装培养基的试管或瓶子的棉塞上，应包油纸或牛皮纸，以防冷凝水入内。

（7）必须将冷空气充分排除，否则锅内温度达不到规定温度，影响灭菌效果。

六、结束任务和清场

事　项	状　态	检查结果
高压蒸汽灭菌锅	清洁后关闭	合格 □　　不合格 □
电子天平	清洁后关闭	合格 □　　不合格 □
所用玻璃器皿	清洗干净	合格 □　　不合格 □
废弃物	回收放于指定位置	合格 □　　不合格 □
操作场地	按要求清洁干净	合格 □　　不合格 □

七、任务评价

评价阶段	序号	评价内容	评价标准	评价结果
操作前	1	明确任务要达到的目的	准确说出任务的目的	
	2	明确任务的原理	准确说出任务的原理	
	3	明确任务的操作步骤	准确说出任务的操作步骤	
	4	任务所需试剂和仪器的准备	正确准备所需试剂和仪器	
操作中	5	操作过程	操作规范,方法正确	
	6	仪器的使用	操作规范,方法正确	
	7	操作现象的要求	操作中出现的现象与要求一致	
	8	任务报告	任务报告规范完整,结果正确	
操作后	9	操作时间	是否按时完成	
	10	清场	是否按要求完成清场	

任务三　种子的扩大培养

扫码看 PPT

一、学习目标

(一)知识目标

(1)掌握菌种选育的主要方法和步骤。

(2)熟悉微生物的保藏原理和方法。

(3)了解主要的工业发酵微生物及其代谢产物。

(二)能力目标

(1)能进行菌种的分离和突变株的筛选。

(2)能根据菌种的特点采取合适的保藏方法。

(三)素质目标

(1)具有良好的责任意识及团结协作的精神,具有服务国家、服务人民的社会责任感。

(2)具有认真、细致、严谨的工作作风,具有良好的职业道德、实事求是的工作态度。

(3)具有勤于思考、善于观察、善于学习的精神。

(4)具有无菌意识及微生物的无菌操作技能，树立安全性与有效性的菌种选育观念，树立并践行社会主义核心价值观，具有敬业精神。

二、知识链接

(一)种子培养的概念

种子培养包括菌种保藏、实验室种子制备、生产现场种子制备三大部分。

种子培养又称种子扩培，是指将保存在砂土管、冷冻干燥管中处于休眠状态的生产菌种接种于试管斜面活化后，再经过扁瓶或摇瓶及种子罐逐级扩大培养，最终获得一定数量和质量的纯种培养物的过程。这些纯种培养物称为种子。

1. 种子扩培的目的 ①接种量的需要；②菌种的驯化；③缩短发酵时间、保证生产水平。

2. 种子的要求 ①总量及浓度能满足要求；②生理状况稳定；③活力强，移种至发酵后，能够迅速生长；④无杂菌污染。

3. 种子制备的过程

(1)实验室阶段：不用种子罐，所用设备为培养箱、摇床等实验室常见设备，在工厂这些培养过程一般都在菌种室完成，因此将这些培养过程称为实验室阶段的种子培养。图 2-3 所示为微生物培养箱。

图 2-3 微生物培养箱

对于不同的菌种,有以下4种获得种子的方法。①以无菌方式接种保藏菌种至斜面培养基,成熟后挑选正常菌落至斜面和摇瓶;②菌种产孢子能力强及孢子发芽、生长繁殖迅速,可用固体培养基培养孢子;③菌种产孢子能力不强或孢子发芽慢,可用摇瓶液体培养法;④不产孢子的菌种,在保藏基础上,一定温度下活化即可。

(2)生产车间阶段:将实验室制备的孢子斜面或摇瓶种子移接到种子罐进行扩大培养。种子培养在种子罐内进行,一般归发酵车间管理,因此形象地称这些培养过程为生产车间阶段。

种子罐培养的优势:①获得足够的菌种数量;②种子罐的培养基接近发酵罐培养的醪液成分和培养条件,可使菌体适应发酵环境。

(二)接种量

接种量:移入的种子液体积与接种后培养液体积的比例。①接种量过多,菌丝生长过快、溶氧不足,衰老细胞增加等,发酵后劲不足;②接种量过少,发酵周期延长,形成异常形态,而且易造成染菌;③接种量以生产菌种在发酵罐中的繁殖速率为依据;④接种量的大小直接影响发酵周期。

为了菌体细胞进入发酵罐后能很快地适应发酵培养基条件,应该在最后一级种子罐配料上加入适当的发酵培养基条件,如pH、消泡剂。

(三)影响种子质量的因素

1. 原材料质量 原材料质量波动可引起种子质量不稳定。原材料质量波动的主要原因:无机离子含量不同(Mg^{2+}、Cu^{2+}、Ba^{2+}能刺激孢子的形成,磷含量太多或太少也会影响孢子的质量)。

2. 培养温度 温度过低,菌种生长发育缓慢;温度过高会使菌丝过早自溶。

3. 湿度 湿度低,孢子生长快;湿度大,孢子生长慢。

4. 通气与搅拌 足够的通气量可保证菌种代谢正常,提高种子质量;搅拌可提高通气效果,促进菌种生长繁殖,但过度搅拌可导致培养液大量涌泡,液膜表面的酶氧化变性,泡沫过多而增加染菌机会,增加能耗;丝状微生物不宜剧烈搅拌。

5. 斜面冷藏时间 斜面冷藏时间对孢子的生产能力有较大影响;冷藏时间越长,生产能力下降越多。

6. 培养基 培养基的成分和含量会影响微生物的生长状态。培养种子的目的:扩大培养,增加细胞数量;同时培养出强壮、健康、活性高的细胞。为了使细胞迅速进行分裂或菌丝快速生长。

7. pH 选择最适合种子培养 pH 的原则是获得最大比生长速率和适当的菌量；培养最后一级种子的培养基的 pH 应接近于发酵培养基的 pH，以便种子能尽快适应新的环境。

(四)微生物生长曲线概述

将一定微生物接种到一定的液体培养基中后，在一定条件下培养，定时取样测定活菌数，以活菌数的对数值为纵坐标，以培养时间为横坐标就可以画出一条有规律的曲线，这就是微生物的典型生长曲线。根据微生物在不同时期内生长繁殖的特点不同，一般将典型生长曲线划分为适应期、对数增长期(指数期)、稳定期和衰亡期4个时期。

(五)种子的扩大培养

菌种接种至种子罐的方法包括2种，见下表。

方　法	特　点
孢子进罐法	将斜面孢子制成孢子悬浮液直接接种于种子罐，可减少批与批之间的差异，具有操作方便、工艺过程简单、便于控制孢子质量等优点。
摇瓶菌丝进罐法	适用于某些生长发育缓慢的放线菌，可以缩短种子在种子罐内的培养时间。

种子液生化分析项目主要有营养基质的消耗速率、溶氧变化、色泽和气味等。

三、任务准备

(一)试剂与材料检查清单

试剂与材料	状　态	检查结果
消毒剂：75%乙醇溶液	正常使用	合格 □　　不合格 □
大肠杆菌	正常使用	合格 □　　不合格 □
酵母浸膏	正常使用	合格 □　　不合格 □
蛋白胨	正常使用	合格 □　　不合格 □
氯化钠	正常使用	合格 □　　不合格 □
无菌器材：试管、锥形瓶、微量移液器	正常使用	合格 □　　不合格 □
消毒器皿：接种环(针)、枪头	正常使用	合格 □　　不合格 □

(二)仪器设备检查清单

仪器设备名称	状态	检查结果
恒温培养箱	20～25 ℃ 30～35 ℃	合格 □　不合格 □
高压蒸汽灭菌锅	正常使用	合格 □　不合格 □
分光光度计	正常使用	合格 □　不合格 □
摇床机	正常使用	合格 □　不合格 □
超级洁净工作台	正常使用	合格 □　不合格 □

四、任务操作

(一)菌种准备

发酵前 2 天,从冰箱中取出菌种接种于斜面 37 ℃培养 24 h。

(二)一级种子制备

取培养好的斜面菌种,使用接种环接种一环菌种至一级种子培养基中,37 ℃振荡培养 12 h。

(三)二级种子制备

从一级种子培养基中分别吸取 1 ml、2 ml 菌液至 2 个新的种子培养瓶中,37 ℃振荡培养 12 h。

(四)发酵培养基优化考察

将酵母浸膏、蛋白胨、氯化钠作为培养基的主要影响因素,进行四因素三水平的正交实验,实验设计如下表。

因素水平	A 酵母浸膏/(%)	B 蛋白胨/(%)	C 氯化钠/(%)	D pH
1	0.2	0.5	0.2	6
2	0.5	1	0.5	7
3	0.8	1.5	0.8	8

按下表配制 9 组培养基于 100 ml 锥形瓶中,每瓶 25 ml(可四小组分工合作)。

因　素	A 酵母浸膏/(%)	B 蛋白胨/(%)	C 氯化钠/(%)	D pH
实验 1	1(0.2)	1(0.5)	1(0.2)	1(6)
实验 2	1(0.2)	2(1)	2(0.5)	2(7)
实验 3	1(0.2)	3(1.5)	3(0.8)	3(8)

续表

因　素	A 酵母浸膏/(%)	B 蛋白胨/(%)	C 氯化钠/(%)	D pH
实验 4	2(0.5)	1(0.5)	2(0.5)	3(8)
实验 5	2(0.5)	2(1)	3(0.8)	1(6)
实验 6	2(0.5)	3(1.5)	1(0.2)	2(7)
实验 7	3(0.8)	1(0.5)	3(0.8)	2(7)
实验 8	3(0.8)	2(1)	1(0.2)	3(8)
实验 9	3(0.8)	3(1.5)	2(0.5)	1(6)

(五)转种

比较二级种子瓶种子状态，选取 1 瓶作为最终种子液，取 1 ml 加入发酵培养基中，37 ℃振荡培养 12 h。

(六)比浊法测定各发酵液 OD 值

取下锥形瓶，以空白培养基为对照，于波长 600 nm 处测定各锥形瓶中发酵液的 OD 值，填入表中。注意：如果 OD 值过大，需将发酵液做一定稀释后再测定。

(七)实验结果

填写表格，分析数据，确定最优培养基配方。

因　素	A 酵母浸膏/(%)	B 蛋白胨/(%)	C 氯化钠/(%)	D pH	OD 值
实验 1	1(0.2)	1(0.5)	1(0.2)	1(6)	
实验 2	1(0.2)	2(1)	2(0.5)	2(7)	
实验 3	1(0.2)	3(1.5)	3(0.8)	3(8)	
实验 4	2(0.5)	1(0.5)	2(0.5)	3(8)	
实验 5	2(0.5)	2(1)	3(0.8)	1(6)	
实验 6	2(0.5)	3(1.5)	1(0.2)	2(7)	
实验 7	3(0.8)	1(0.5)	3(0.8)	2(7)	
实验 8	3(0.8)	2(1)	1(0.2)	3(8)	
实验 9	3(0.8)	3(1.5)	2(0.5)	1(6)	

五、常见问题及注意事项

(1)所有操作均在无菌区域进行，以防止交叉污染。

(2)进入无菌操作室的所有培养基、供试品等的外表都应采用适用的方法进行消毒处理，以避免将外包装污染的微生物带入无菌操作室。例如：紫外灯照射不少于 30 min。对不同种类和不同批次的产品,在拆包装及夹取样品时,应更换实验用具,以避免交叉污染。

(3)测量时,如果 OD 值过大,需将发酵液做一定稀释后再测定。

(4)真实、规范地填写检验原始记录和检验报告。出具实验结果后,所有培养物须经 121 ℃高压蒸汽灭菌处理 20 min。

六、结束任务和清场

事　项	状　态	检查结果
恒温培养箱	正常运行	合格 □　不合格 □
高压蒸汽灭菌锅	清洁后关闭	合格 □　不合格 □
超级洁净工作台	清洁后关闭	合格 □　不合格 □
摇床机	正常运行	合格 □　不合格 □
分光光度计	清洁后关闭	合格 □　不合格 □
微生物污染过的器材	灭菌及清洗干净	合格 □　不合格 □
所用玻璃器皿	清洗干净	合格 □　不合格 □
废弃物	回收放于指定位置	合格 □　不合格 □
操作场地	按要求清洁干净	合格 □　不合格 □

七、任务评价

评价阶段	序号	评价内容	评价标准	评价结果
操作前	1	明确任务要达到的目的	准确说出任务的目的	
	2	明确任务的原理	准确说出任务的原理	
	3	明确任务的操作步骤	准确说出任务的操作步骤	
	4	任务所需试剂和仪器的准备	正确准备所需试剂和仪器	
操作中	5	操作过程	操作规范,方法正确	
	6	仪器的使用	操作规范,方法正确	
	7	操作现象的要求	操作中出现的现象与要求一致	
	8	任务报告	任务报告规范完整,结果正确	
操作后	9	操作时间	按时完成	
	10	清场	按要求完成清场	

任务四　生物反应器的认识与操作

扫码看 PPT

一、学习目标

（一）知识目标

(1)掌握机械搅拌式发酵罐的结构特点。

(2)掌握机械搅拌式发酵罐的操作要点。

（二）能力目标

(1)熟练掌握机械搅拌式发酵罐的操作和维护基本技术。

(2)学会机械搅拌式发酵罐的操作。

(3)会运用基础知识对机械搅拌式发酵罐进行日常维护，同时解决操作中出现的常见问题。

（三）素质目标

(1)具有良好的责任意识及团结协作的精神，具有服务国家、服务人民的社会责任感。

(2)具有认真、细致、严谨的工作作风，具有良好的职业道德、实事求是的工作态度。

(3)具有勤于思考、善于观察、善于学习的精神。

(4)具有无菌意识及微生物的无菌操作技能，树立安全性与有效性的菌种选育观念，树立并践行社会主义核心价值观，具有敬业精神。

二、知识链接

（一）生物反应器的概念

实验室微生物培养使用恒温振荡器作为生物反应器，见图 2-4，工业发酵过程中使用发酵罐作为生物反应器。发酵罐提供了微生物生长、繁殖、代谢的生化反应场所，因而把发酵罐也称为生化反应器。

（二）发酵罐的结构特点

所有发酵罐都有一些共同的基本条件。

(1)结构必须严密，内壁要光滑，焊缝必须双面焊接并磨光，焊接后应进行探伤，避免假焊等缺陷，一般采用不锈钢板制造。

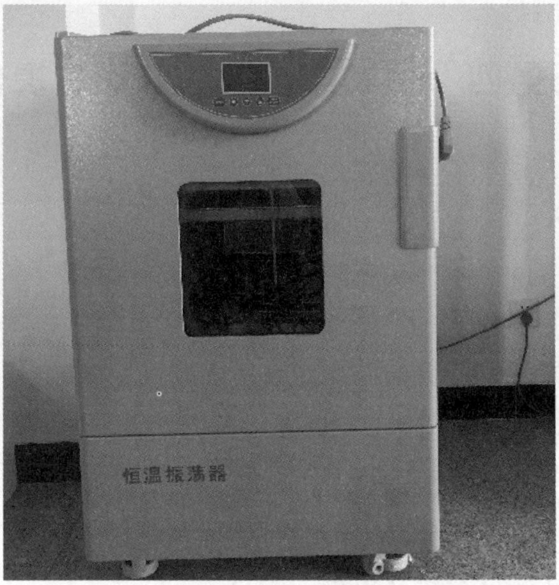

图 2-4　恒温振荡器

(2)内部结构尽量简单,附件尽量少,以利于灭菌和提高装料量。

(3)有良好的气液接触及气液和液固混合设备,以利于质量传递和热量传递。

(4)有传热设备,以利于控制微生物最佳生长代谢所需温度。

(5)有检测和控制仪表,以便及时得到生化数据,以利于优化控制。

目前,微生物发酵工厂普遍应用的发酵罐仍然是通用式发酵罐(即带有机械搅拌和空气分布装置),并具有"全挡板条件"。该类型发酵罐采用电动机驱动的机械搅拌装置,罐壁装有若干块挡板,有夹套或立式蛇管传热装置,底部装有通气装置。

(三)机械搅拌式发酵罐的几何尺寸

1. 机械搅拌式发酵罐的罐体高度　称作全高,指从罐底到罐内静止液面的高度(H_2),也称作装料高度,即罐身圆柱部分高度(H)。

高径比通常指圆柱部分高度与罐内径之比,用 H/D 表示。机械搅拌式发酵罐的 H/D 的值为 1.7～2.5。一般来说,H/D 的值高,则空气的利用率高,但动力消耗也增加,同时造成 CO_2 在发酵液内溶解度提高。

2. 桨叶直径与罐径之比　桨叶直径与罐内径之比(d/D)为 1/3～1/2。d/D 的值越大,越有利于氧的传递。

3. 挡板　机械搅拌式发酵罐壁上一般安装 4～6 块挡板,以达到"全挡板条件"。所谓"全挡板条件"是指能消除液面旋涡的最低条件。为避免发酵液中的固体物质堆积于挡板背侧,挡板与罐壁之间留有一定间隙,该间隙一般取挡板宽度的 0.1～0.3 倍。

(四)发酵过程的能量传递

生物制药工业生产中各种单元操作,例如空气除湿除菌、培养基灭菌、过滤、蒸发、离子交换、结晶和干燥等,均遵循常见的化工过程。常见的化工过程见下表。

过　程	举　例
动量传递过程	流体的流动与输送、沉降、过滤、离心分离以及固体流态化等
热量传递过程	传热、蒸发、浓缩、结晶等
质量传递过程	蒸馏、干燥、萃取、离子交换等
热力学过程	冷冻与深度冷冻等

(五)管件和阀门

1. 管件 即管路中所用的零件,其种类很多。

根据它在管路中的作用可以分为五大类,即弯头(90°、45°、异径)、三通(等径、异径、四通)、接头(活、外丝)、管箍(同径、异径、补心)、丝堵。

在水煤气管中,管件与管子一般采用法兰连接或焊接,对于铸铁管、水泥管、陶瓷管等,则采用承插连接。

2. 阀门 在管路中流体的流速和压力调节,以及开启、关闭等,都是通过阀门的开启程度进行控制的。阀门常用铸铁、铸钢、不锈钢、合金钢以及铜等材料制成。

(六)机械搅拌式发酵罐的操作与维护

在机械搅拌式发酵罐使用过程中,关键是要控制好相关调节装置,给菌体以良好的生长及产物合成条件,减少染菌及不安全因素,提高发酵单位生产量。通过控制搅拌器转速、冷却介质的量、空气流速来优化生产条件。

1. 搅拌 搅拌是通过控制搅拌器的转速来控制搅拌强度的。一般在要求提高混合程度、强化供氧、减少丝结团、延长气体停留时间的情况下可加强搅拌。另外,当空气流速增大时,搅拌器出现气泛现象,生产上要提高发酵罐的供氧能力,采用提高搅拌功率、适当降低空气流速的方法。

2. 温度 发酵罐温度的控制是通过调节冷却器冷却介质流量来实现的,并可通过控制搅拌速率及通气量实现罐内温度分布。适当提高空气流速有利于温度均匀分布。

3. 补料速率 补料速率是发酵控制的另外一个要点,合理控制补料量以满足生产代谢的需要及 pH 调节。一般生产上通过菌体浓度变化来决定补料量及供氧量。

4. 罐压 罐压是生产控制的主要因素,维持罐压(正压)可以防止外界空气中的杂菌侵入而避免污染,生产中通过控制冷却温度、进罐气量及排气阀开启度来控制罐压。一般温度高、进气量大、排气阀开启度小时,罐压增大。

5. 清洗与灭菌 设备停止使用时,应及时清洗干净,各进料管、补料管及取样管、排料管等也要用清水洗净，排尽发酵罐及各管道中的余水，松开发酵罐罐盖及人孔螺丝防止密封圈产生永久变形。如果发酵罐暂时不用，则需对发酵罐进行空消，并排尽罐内及管道内的余水。

(七)机械搅拌式发酵罐应用范围

机械搅拌式发酵罐的优点：混合性能好、传氧效率高、操作弹性大、制造成本和操作成本低、生产易于放大，可用于细胞高密度培养。缺点：搅拌功率大、能耗高、辅助设备多等。机械搅拌式发酵罐可发酵多种微生物，实际上，几乎所有的抗生素工业生产都使用这种发酵罐，如青霉素、链霉素、土霉素等，其是生物制药大规模工业生产的主力设备。

三、任务准备

(一)试剂与材料检查清单

试剂与材料	状　态	检查结果
营养肉汤培养液	正常使用	合格 □　不合格 □
蒸馏水	正常使用	合格 □　不合格 □
发酵培养基	正常使用	合格 □　不合格 □
消泡剂	正常使用	合格 □　不合格 □
无菌器材：种子瓶、锥形瓶	正常使用	合格 □　不合格 □
纱布盖、牛皮纸	正常使用	合格 □　不合格 □

(二)仪器设备检查清单

仪器设备	状　态	检查结果
5 L 发酵罐	正常使用	合格 □　不合格 □
高压蒸汽灭菌锅	正常使用	合格 □　不合格 □
分光光度计	正常使用	合格 □　不合格 □
摇床机	正常使用	合格 □　不合格 □
超级洁净工作台	正常使用	合格 □　不合格 □
蠕动泵	正常使用	合格 □　不合格 □
高速冷冻离心机	正常使用	合格 □　不合格 □

四、任务操作

1. 菌种准备　上罐前 2 天，从冰箱中取出菌种接种于斜面，37 ℃培养 24 h，上罐前1天，由斜面菌种转接于一级种子瓶，37 ℃振荡培养12 h，然后转接于二级种子瓶，37 ℃振荡培养10 h。

2. 灭菌前的准备工作 洗净发酵罐和各连接胶管，配置发酵培养基3 L，置于发酵罐内，加入几滴消泡剂，补料1和补料2培养基各1 L，加入补料瓶内。校正pH电极和溶氧电极，固定电极插口、取样口、补料口等，密封好后，进行灭菌。

3. 实罐灭菌 实罐灭菌将发酵罐放入高压蒸汽灭菌锅中，温度121 ℃，灭菌20 min。

4. 接种 用酒精棉球围绕接种孔并点燃，在酒精火焰区域内，拧开不锈钢塞，同时，迅速解开摇瓶种子的纱布，将种子液倒入发酵罐内，接种后，用铁钳去不锈钢塞在火焰上灼烧片刻，然后迅速盖在接种孔上拧紧。

5. 发酵过程控制

(1)参数控制：发酵过程中在线检测的参数包括通气量、pH、温度、搅拌转速和罐压等，通过计算机控制调节机构而实现在线控制。

(2)流加控制：流加溶液主要有消泡剂、酸液或碱液、营养液。流加前，将配制好的流加溶液装入流加瓶，用瓶盖或瓶塞密封好，用硅胶管把流加瓶和不锈钢插针连接在一起；流加时，将硅胶管转入蠕动泵的挤压轮中，启动蠕动泵，挤压轮转动，可以将流加液压进发酵罐，通过计算机可以设定开始流加的时间、挤压轮的转速。

(3)发酵取样：发酵过程中，需要时取样进行理化指标的检测，取样时利用发酵罐内压力排出发酵液，用试管或烧杯接收。

(4)放罐操作：发酵结束后，先停止搅拌，然后利用罐内压力排出发酵液，用容器接收发酵液。

(5)发酵罐的清洗：拆卸安装在发酵罐上的pH电极、DO电极以及流加控制上的不锈钢插针，并清洗发酵罐。

6. 实验结果 发酵产物收集鉴定，进行蛋白质含量的测定。

五、常见问题及注意事项

(1)所有操作均在无菌区域进行，以防止交叉污染。

(2)进入无菌操作室的所有培养基、供试品等的外表都应采用适当的方法进行消毒处理，以避免将外包装污染的微生物带入无菌操作室。例如：紫外灯照射不少于30 min。对不同种类和不同批次的产品，在拆包装及夹取样品时，应更换实验用具，以避免交叉污染。

(3)发酵过程中注意巡视，发酵罐的裸露口要包好并灭菌，发酵罐的进气、排气要通畅。

(4)灭菌和发酵时平衡胶管要固定好,夹紧,避免发酵罐与硬物碰撞。

(5)发酵罐在没有使用时,注意保养。

六、结束任务和清场

事　　项	状　　态	检查结果
发酵罐	正常运行	合格 □　　不合格 □
高压蒸汽灭菌锅	清洁后关闭	合格 □　　不合格 □
超级洁净工作台	清洁后关闭	合格 □　　不合格 □
摇床机	正常运行	合格 □　　不合格 □
高速冷冻离心机	清洁后关闭	合格 □　　不合格 □
分光光度计	清洁后关闭	合格 □　　不合格 □
蠕动泵	清洁后关闭	合格 □　　不合格 □
微生物污染过的器材	灭菌及清洗干净	合格 □　　不合格 □
所用玻璃器皿	清洗干净	合格 □　　不合格 □
废弃物	回收放于指定位置	合格 □　　不合格 □
操作场地	按要求清洁干净	合格 □　　不合格 □

七、任务评价

评价阶段	序号	评价内容	评价标准	评价结果
操作前	1	明确任务要达到的目的	准确说出任务的目的	
	2	明确任务的原理	准确说出任务的原理	
	3	明确任务的操作步骤	准确说出任务的操作步骤	
	4	任务所需试剂和仪器的准备	正确准备所需试剂和仪器	
操作中	5	操作过程	操作规范,方法正确	
	6	仪器的使用	操作规范,方法正确	
	7	操作现象的要求	操作中出现的现象与要求一致	
	8	任务报告	任务报告规范完整,结果正确	
操作后	9	操作时间	按时完成	
	10	清场	按要求完成清场	

任务五　微生物发酵工艺控制

扫码看 PPT

一、学习目标

(一)知识目标

(1)掌握发酵工艺主要参数的控制方法及要点。

(2)熟悉发酵工艺主要参数对发酵的影响。

(3)了解发酵工艺主要参数的检测方法。

(二)能力目标

(1)熟练掌握发酵工艺参数调控的基本技术。

(2)学会发酵工艺参数调控的基本操作,会运用基础知识对发酵工艺参数进行分析,同时能解决操作中出现的一些常见问题。

(3)了解发酵工艺参数的常用计算。

(三)素质目标

(1)具有良好的责任意识及团结协作的精神,具有服务国家、服务人民的社会责任感。

(2)具有认真、细致、严谨的工作作风,具有良好的职业道德、实事求是的工作态度。

(3)具有勤于思考、善于观察、善于学习的精神。

(4)具有无菌意识及无菌操作技能,培养安全意识,树立并践行社会主义核心价值观,具有敬业精神。

二、知识链接

(一)微生物的发酵温度

每种微生物都有自己的生长温度三基点,即最低生长温度、最适生长温度、最高生长温度,见下表。

温　　度	微生物生长特点
处于最适生长温度	生长速率最快,代谢时间最短
低于最低生长温度	不生长,甚至会死亡
超过最高生长温度	不生长,甚至会死亡

(二)微生物发酵控制温度的原因

温度是影响微生物生长与存活的重要因素之一，当微生物处于最适生长温度时，有促进生长的作用；不适宜的温度会导致细菌的形态和代谢发生改变或使微生物的蛋白质凝固变性而导致死亡。

温度对微生物的影响见图 2-5。

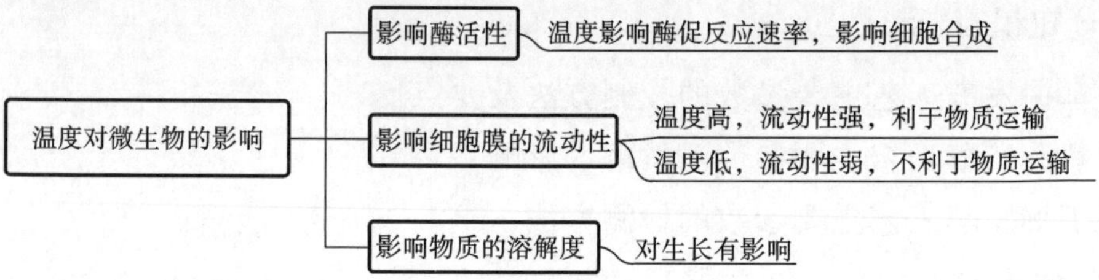

图 2-5　温度对微生物的影响

温度对发酵的影响错综复杂，主要表现在细胞生长、产物合成、发酵液的物理性质等方面。

(三)微生物的发酵 pH

每种微生物都有酶的催化活性最大时的 pH，此 pH 称为酶作用的最适 pH。偏离酶作用的最适 pH 越远，酶的活性越小，过酸或过碱均可使酶完全失去活性。

(四)pH 控制的目的

发酵过程中培养液的 pH 是微生物在一定环境条件下代谢活动的综合指标，是一项重要的发酵参数。发酵过程中最适 pH 的选择原则为既有利于微生物的生长，又可以最大限度地获得高产。

最适 pH 是根据实验结果来确定的。需要对发酵过程各阶段的 pH 实施监控，实际生产中，从以下几个方面进行。

(1)调整培养基组分：适当调整碳氮比，使盐类与碳源配比平衡。

(2)直接加酸性(碱性)物质或通过补料加入生理酸性(碱性)物质。

(五)发酵过程引起 pH 变化的因素

1. 在微生物细胞的生长阶段

(1)初期：接种后到孢子萌发，因碳、氮源代谢水平比较低，pH 一般可维持不变，或者由于添加了 $CaCO_3$ 而略有上升。

(2)快速生长期：pH 变化较大，因菌种及培养基不同而上升或下降。

2. 生产阶段　一般发酵液的 pH 趋于稳定，维持在适合产物形成的 pH 范围。

3. 微生物细胞自溶阶段 养分的耗尽、菌体蛋白酶的活跃、培养液中氨基氮增加致使 pH 上升。

(六)微生物发酵的溶氧及控制

溶氧是需氧发酵控制重要的参数之一。由于氧在水中的溶解度很小，在发酵液中氧的溶解度亦如此。因此，需要不断通风和搅拌，才能满足不同发酵过程对氧的需求。溶氧的大小对菌体生长和产物的形成及产量都会产生不同的影响。

需氧发酵并不是溶氧越大越好。溶氧大虽然有利于菌体生长和产物合成，但溶氧太大有时反而抑制产物的形成。需要研究每一种发酵产物的临界氧浓度和最适氧浓度，这是由实验来确定的。

(七)发酵培养方式的介绍

分批式培养是指将细胞和培养液一次性装入反应器内进行培养，细胞不断生长，同时产物也不断形成，经过一段时间的培养后，终止培养，并收集产物的培养方式。

(八)中间补料的目的和方式

中间补料的目的是使发酵系统维持很低的基质浓度，可以解除底物抑制、产物抑制和葡萄糖的分解阻遏效应(可以除去快速利用碳源的阻遏效应，避免培养基积累有毒代谢产物)。中间补料的缺点：中途要流加新鲜培养基，增加了染菌的危险。

中间补料方式可分为连续流加、不连续流加(少量多次、大量少次)、多周期流加。连续流加效果最好，可以避免因一次大量加入引起环境突然改变而给菌体代谢带来的影响。

从营养成分来看，中间补料方式又可分为单组分补料和多组分补料。

三、任务准备

(一)试剂与材料检查清单

试剂与材料	状　态	检查结果
纳豆芽孢杆菌	正常使用	合格 □　不合格 □
尿激酶	正常使用	合格 □　不合格 □
纤维蛋白原	正常使用	合格 □　不合格 □
黄豆、大豆	正常使用	合格 □　不合格 □

续表

试剂与材料	状　态	检查结果
凝血酶	正常使用	合格 □　不合格 □
生理盐水	正常使用	合格 □　不合格 □
配制培养基试剂：牛肉膏、蛋白胨、NaCl、琼脂糖、葡萄糖、酵母膏、$MgSO_4$、$CaCl_2$、Na_2HPO_4、NaH_2PO_4、蒸馏水	正常使用	合格 □　不合格 □
无菌器材：锥形瓶	正常使用	合格 □　不合格 □
纱布盖、牛皮纸	正常使用	合格 □　不合格 □

(二)仪器设备检查清单

仪器设备	状　态	检查结果
恒温培养箱	正常使用	合格 □　不合格 □
高压蒸汽灭菌锅	正常使用	合格 □　不合格 □
分光光度计	正常使用	合格 □　不合格 □
恒温式水浴锅	正常使用	合格 □　不合格 □
超级洁净工作台	正常使用	合格 □　不合格 □
冷藏柜	正常使用	合格 □　不合格 □
高速冷冻离心机	正常使用	合格 □　不合格 □
pH 计	正常使用	合格 □　不合格 □

四、任务操作

1. 种子液培养　种子培养基预先配制，在 250 ml 锥形瓶中分装 50 ml 种子培养基。接种一环活化后的纳豆芽孢杆菌于种子培养基中，250 ml，37 ℃、150 r/min 摇床培养 12 h，作为发酵的种子液。

2. 纳豆固体发酵最佳接种量　称取黄豆 50 g，洗净、浸泡过夜；115 ℃高压蒸汽灭菌 30 min，自然冷却后接种种子液，接种量分别 4%、6%、8%和 10%；置于培养箱中 39 ℃培养 48 h，保持相对湿度 85%～90%，在 4 ℃冰箱中后熟 24 h，分别测定酶活力。

3. 纳豆固体发酵最佳时间　称取黄豆 50 g，洗净、浸泡过夜，115 ℃高压蒸汽灭菌 30 min，自然冷却，接种 6%种子液，39 ℃培养 16 h、24 h、32 h 和 40 h，相对湿度为 85%～90%，置于 4 ℃冰箱中 24 h，分别测定样品酶活力。

4. 不同金属离子对发酵产酶的影响　通过实验得知，Mg^{2+} 是纳豆激酶的激活剂，实验中考察了 Ca^{2+}、Mg^{2+}、Fe^{3+}、Zn^{2+} 对发酵产酶的影响。本任务按照《中华人民共和国药典》(2020 年版)中营养强化剂的限量标准添加金属离子，用以浸泡大豆，考察不同的金属离子对发酵产酶的影响。

5. 大豆的破碎程度对纳豆菌生长和纳豆激酶活力的影响 精选大豆，浸泡14 h，除去多余的水分，分别切成 2 瓣、4 瓣和 8 瓣；115 ℃高压蒸汽灭菌 30 min，自然冷却，按 6%种子液，39 ℃培养 24 h，相对湿度为 85%～90%，在 4 ℃冰箱中后熟 24 h。

6. 纳豆激酶粗提液的制备 将发酵后熟的纳豆按一定体积加入 0.9%的生理盐水中，4 ℃浸提 30 min，4000 r/min 离心 20 min，取上清液的纳豆激酶粗品。

7. 纤维蛋白平板的制备 称取琼脂糖 0.5 g，溶于 4 ml 0.01 mol/L 磷酸盐缓冲液中，沸水浴煮沸，使其完全溶解，设其为(Q)。另取纤维蛋白原 11 mg，溶于 5 ml 0.01 mol/L 磷酸盐缓冲液中，45 ℃温浴，设其为(F)。称取凝血酶 10 U 溶于磷酸盐缓冲液中，45 ℃温浴，设其为(T)。当(Q)温度降为 50 ℃左右时，把(Q)倒入(T)中，然后加入(F)迅速混匀，倒入平板，在每个平板上打 6 个孔。

8. 标准曲线的制备 在每个平板上选定 5 个孔，每孔加入磷酸盐缓冲液 10 μl，将稀释好的尿激酶标准品(1 IU/ml)依次加入 6 个孔中，分别加入 0、0.2 μl、0.4 μl、0.6 μl、0.8 μl、1.0 μl 混匀后，37 ℃培养 16～18 h。测定溶解圈的垂直直径，计算各溶解圈面积。以尿激酶活力为横坐标，以溶解圈面积为纵坐标，根据标准曲线计算样品活力。

9. 纳豆激酶活力测定 取发酵液上清液 5 μl，点样于纤维蛋白平板上，于各孔中加入磷酸盐缓冲液，将纤维蛋白平板于培养箱中 37 ℃培养 16 h，取出，测得各溶解圈直径，根据标准曲线计算样品相当于尿激酶的单位。

10. 实验结果

(1)测定纳豆激酶活力。

(2)纳豆激酶粗提液的制备及活力测定。

(3)确定最佳的发酵条件。

五、常见问题及注意事项

(1)高压蒸汽灭菌后，待自然冷却后接种，防止菌种烫死。

(2)接种后要摇匀。

(3)培养后，放冰箱中后熟，再测酶活力。

(4)用生理盐水提取纳豆激酶。

(5)注意倒入平板时防止气泡产生。

(6)凝血酶和纤维蛋白原作用生成交联纤维蛋白。

(7)以尿激酶活力为横坐标,以溶解圈面积为纵坐标,绘制标准曲线。

(8)每个孔之间距离要均匀。

(9)酶活力与溶解圈面积成正比例,用溶解圈面积来表示纳豆激酶的酶活力。

六、结束任务和清场

事项	状态	检查结果
恒温培养箱	正常运行	合格 □　不合格 □
高压蒸汽灭菌锅	清洁后关闭	合格 □　不合格 □
超级洁净工作台	清洁后关闭	合格 □　不合格 □
恒温式水浴锅	清洁后关闭	合格 □　不合格 □
高速冷冻离心机	清洁后关闭	合格 □　不合格 □
分光光度计	清洁后关闭	合格 □　不合格 □
冷藏柜	清洁后关闭	合格 □　不合格 □
pH 计	清洁后关闭	合格 □　不合格 □
微生物污染过的器材	灭菌及清洗干净	合格 □　不合格 □
所用玻璃器皿	清洗干净	合格 □　不合格 □
废弃物	回收放于指定位置	合格 □　不合格 □
操作场地	按要求清洁干净	合格 □　不合格 □

七、任务评价

评价阶段	序号	评价内容	评价标准	评价结果
操作前	1	明确任务要达到的目的	准确说出任务的目的	
	2	明确任务的原理	准确说出任务的原理	
	3	明确任务的操作步骤	准确说出任务的操作步骤	
	4	任务所需试剂和仪器的准备	正确准备所需试剂和仪器	
操作中	5	操作过程	操作规范,方法正确	
	6	仪器的使用	操作规范,方法正确	
	7	操作现象的要求	操作中出现的现象与要求一致	
	8	任务报告	任务报告规范完整,结果正确	
操作后	9	操作时间	按时完成	
	10	清场	按要求完成清场	

工作领域三

细胞培养技术

任务一　细胞培养的准备

扫码看 PPT

一、学习目标

(一)知识目标

(1)掌握细胞培养用品的清洗原则及特点。

(2)掌握细胞培养用品的消毒原则及注意事项。

(3)掌握细胞培养液的配制原则、特点,以及保存。

(二)能力目标

(1)熟练掌握细胞培养耗材及仪器的无菌处理。

(2)熟练掌握细胞培养液的配制及无菌处理。

(三)素质目标

(1)具有良好的责任意识及团结协作的精神,具有服务国家、服务人民的社会责任感。

(2)具有认真、细致、严谨的工作作风,具有良好的职业道德、实事求是的工作态度。

(3)具有勤于思考、善于观察、善于学习的精神。

(4)具有细胞培养无菌操作技能,培养安全意识,树立并践行社会主义核心价值观,具有敬业精神。

二、知识链接

(一)细胞培养用品的清洁

离体条件下,细胞对有害物质十分敏感,应避免有害物质直接与细胞接触。因此,新的或重新使用的器皿都必须认真清洗,以达到不含任何残留物的要求,细胞培养用品的清洗试剂见下表。

分　类	试　剂
新购玻璃器皿	自来水、1%～2%盐酸、超纯水
污染玻璃器皿	自来水、清洁液、超纯水
胶塞	自来水、2%NaOH 溶液、1%盐酸、超纯水
塑料制品	自来水、2%NaOH 溶液、5%盐酸、超纯水

(二)细胞培养涉及的消毒过程

细胞培养的最大危险是培养物发生细菌、真菌和病毒等微生物的污染。故细胞培养的每个环节都应严格遵守操作常规,进行消毒处理,防止发生污染。

1. 紫外线消毒　用于空气、操作台表面和不能使用其他方法进行消毒的试剂和培养器皿的消毒。紫外线直接照射方便、效果好,可以消灭空气中大部分细菌。紫外线的直接作用是通过破坏微生物的核酸及蛋白质等而使其灭活,间接作用是通过紫外线照射产生的臭氧杀死微生物。

2. 湿热消毒　即高压蒸汽消毒,是一种使用最广泛、效果最好的消毒方法。湿热消毒时,消毒物品不能装得过满,以防止消毒器内气体阻塞而引起危险,保证其内气体的流通。湿热消毒具有条件简单、使用方便等特点。

3. 过滤消毒　过滤消毒是将液体或气体用微孔薄膜过滤,使大于孔径的细菌等微生物颗粒阻留,从而达到除菌目的。大多数培养液,如人工合成培养基、血清、消化液、平衡缓冲液等,均采用过滤法除菌。

锥形瓶的包扎

(三)细胞培养用耗材的无菌处理

对细胞培养用品进行消毒前,要进行严密包装,以便于消毒和储存。

1. 移液器枪头(规格 10 μl、200 μl、1000 μl)　戴一次性手套将其装入相应规格枪盒,然后用洁净牛皮纸包扎好枪盒后高压蒸汽灭菌,之后用电热恒温干燥箱烘干备用。

2. 试剂瓶　洗净烘干后,用洁净牛皮纸包好瓶口,包扎前将瓶口瓶塞拧松,高压蒸汽灭菌结束并烘干备用前再将瓶口瓶塞拧紧。

3. 离心管、EP 管、橡皮管　无法直接包扎的耗材装入干净的铝盒,将铝盒用洁净牛皮纸包扎后高压蒸汽灭菌,之后在电热恒温烘干箱中烘干备用。

(四)CO_2 培养箱使用前处理

CO_2 培养箱是通过在培养箱箱体内模拟形成一个类似细胞/组织在生物体内的生长环境,一般要求稳定的温度(37 ℃)、稳定的 CO_2 水平(5%)、恒定的酸碱度(pH 7.2～7.4)、较高的相对湿度(95%),对细胞进行体外培养的一种装置,见图 3-1。

图 3-1 CO_2 培养箱

1. CO_2 通过 CO_2 钢瓶通气，CO_2 的压力应控制在 0.1 MPa 以内。

2. 相对湿度 使用前在水槽中放好灭菌后的超纯水，以保证培养箱内的相对湿度。使用过程中要经常注意箱内水槽中水的量，以保持箱内相对湿度，避免培养液蒸发。

3. 温度 使用前将温度调至 37 ℃。

4. 污染物 使用前要对培养箱进行消毒处理，本实验室采用气套式的培养箱，用 75%乙醇直接擦拭培养箱内壁即可。

三、任务准备

(一)试剂与材料检查清单

试剂与材料	状　态	检查结果
DMEM 干粉培养基	正常使用	合格 □　不合格 □
KCl	正常使用	合格 □　不合格 □
KH_2PO_4	正常使用	合格 □　不合格 □
NaCl	正常使用	合格 □　不合格 □
$NaHCO_3$	正常使用	合格 □　不合格 □
Na_2HPO_4	正常使用	合格 □　不合格 □

续表

试剂与材料	状　态	检查结果
D-葡萄糖	正常使用	合格 □　不合格 □
$MgCl_2 \cdot 6H_2O$	正常使用	合格 □　不合格 □
酚红	正常使用	合格 □　不合格 □
胰蛋白酶粉	正常使用	合格 □　不合格 □
疫苗小瓶	正常使用	合格 □　不合格 □
无菌器材：试剂瓶、烧杯、枪头、离心管、EP 管、量筒、玻璃棒、橡皮管、细胞培养瓶	正常使用	合格 □　不合格 □
铝饭盒	正常使用	合格 □　不合格 □
0.2%的新洁尔灭	正常使用	合格 □　不合格 □
微量移液器	正常使用	合格 □　不合格 □

(二)仪器设备检查清单

仪器设备	状　态	检查结果
CO_2 培养箱	正常使用	合格 □　不合格 □
高压蒸汽灭菌锅	正常使用	合格 □　不合格 □
超纯水制备仪	正常使用	合格 □　不合格 □
生物安全柜	正常使用	合格 □　不合格 □
真空泵	正常使用	合格 □　不合格 □
过滤器	正常使用	合格 □　不合格 □
电热恒温干燥箱	正常使用	合格 □　不合格 □

四、任务操作

(一)常用耗材的清洗及消毒

细胞培养中需要清洗、消毒的常用耗材有试剂瓶(规格 100 ml、250 ml、500 ml、1000 ml)、烧杯等玻璃器皿，移液器枪头(规格 10 μl、200 μl、1000 μl)，离心管(规格 15 ml、50 ml)，EP 管(1.5 ml、5 ml)等。

(二)设备调试

对 CO_2 培养箱进行使用前处理。

(三)细胞培养液的配制

细胞培养过程中需要配制消毒的液体有基本培养基(RPMI-1640,DMEM 干粉培养基)、消化液(胰蛋白酶)、平衡盐溶液(D-Hanks 平衡盐溶液)等。

1. DMEM 的配制及除菌

(1)溶解培养基(GIBCO,DMEM 干粉培养基):将 DMEM 干粉培养基溶于总量 1/3 的水中,再用水冲洗包装袋内面 2 次,倒入培养液中,根据包装袋说明和实验需要加入 $NaHCO_3$(3.7 g),磁力搅拌器助溶。

(2)定容:用玻璃棒将培养液转移到 1 L 量筒内,加超纯水定容到 1 L。

(3)过滤除菌:在生物安全柜内过滤除菌。

2. D-Hanks 平衡盐溶液和 DPBS 的配制及除菌 D-Hanks 平衡盐溶液(g/L):分别称取 KCl 0.4 g、KH_2PO_4 0.06 g、NaCl 8.00 g、$NaHCO_3$ 0.35 g、Na_2HPO_4 0.048 g、D-葡萄糖 1.00 g、酚红 0.01 g,依次分别溶解后,分装,15 min 高压蒸汽灭菌或滤器过滤除菌,置于 4 ℃冰箱内保存备用。DPBS 配制方法与 D-Hanks 平衡盐溶液相似,配方见下表。

成 分	含 量/(g/L)
$CaCl_2$(无水氯化钙)	0.1
KCl	0.2
KH_2PO_4	0.2
$MgCl_2 \cdot 6H_2O$	0.1
NaCl	8
$Na_2HPO_4 \cdot 7H_2O$	2.16

3. 胰蛋白酶的配制及过滤除菌

(1)配制胰蛋白酶溶液:按胰蛋白酶液浓度为 0.5%,用电子天平准确称取胰蛋白酶粉溶入小烧杯中,先用少许 D-Hanks 平衡盐溶液(pH 7.2 左右)调成糊状,然后补足 D-Hanks 平衡盐溶液,搅拌混匀,置于室温 4 h 或冰箱过夜,并不断搅拌振荡。

(2)用注射式过滤器过滤消毒:配好的胰蛋白酶溶液要在超净工作台内用注射式过滤器(0.22 μm 微孔滤膜)抽滤除菌,然后分装成小瓶于−20 ℃保存以备使用。

(3)保存条件:将配制好的胰蛋白酶溶液保存在−20 ℃的环境中,以免分解失效。

(四)培养液的保存

将上述培养液保存于−20 ℃冰箱中。

五、常见问题及注意事项

(1)每次配制培养液时,需要的其他辅助性液体(D-Hanks 平衡盐溶液、胰蛋白酶溶液、磷酸盐缓冲液、抗生素溶液等)也可以同时配制。

(2)培养液配好后,应先抽取少许放入培养瓶内,于 37 ℃温箱内放置 24~48 h,以检测培养液是否有污染。

(3)每次配液量以 2 周左右用量为宜,一次配液不要太多,以防止营养成分(主要为谷氨酰胺)损失。

六、结束任务和清场

事　　项	状　　态	检查结果
CO_2 培养箱	正常运行	合格 □　　不合格 □
高压蒸汽灭菌锅	清洁后关闭	合格 □　　不合格 □
超纯水制备仪	清洁后关闭	合格 □　　不合格 □
生物安全柜	清洁后关闭	合格 □　　不合格 □
真空泵	清洁后关闭	合格 □　　不合格 □
注射式过滤器	清洁后关闭	合格 □　　不合格 □
电热恒温干燥箱	清洁后关闭	合格 □　　不合格 □
微生物污染过的器材	灭菌及清洗干净	合格 □　　不合格 □
所用玻璃器皿	清洗干净	合格 □　　不合格 □
废弃物	回收放于指定位置	合格 □　　不合格 □
操作场地	按要求清洁干净	合格 □　　不合格 □

七、任务评价

评价阶段	序号	评价内容	评价标准	评价结果
操作前	1	明确任务要达到的目的	准确说出任务的目的	
	2	明确任务的原理	准确说出任务的原理	
	3	明确任务的操作步骤	准确说出任务的操作步骤	
	4	任务所需试剂和仪器的准备	正确准备所需试剂和仪器	

续表

评价阶段	序号	评 价 内 容	评 价 标 准	评价结果
操作中	5	操作过程	操作规范，方法正确	
	6	仪器的使用	操作规范，方法正确	
	7	操作现象的要求	操作中出现的现象与要求一致	
	8	任务报告	任务报告规范完整，结果正确	
操作后	9	操作时间	按时完成	
	10	清场	按要求完成清场	

任务二　动物细胞复苏与冻存技术

扫码看 PPT

一、学习目标

（一）知识目标

（1）掌握细胞冻存的原理及冻存原则。

（2）掌握细胞复苏的原理及复苏原则。

（二）能力目标

（1）熟练掌握细胞冻存技术对细胞进行冻存。

（2）熟练掌握细胞复苏技术对细胞进行复苏。

（三）素质目标

（1）具有良好的责任意识及团结协作的精神，具有服务国家、服务人民的社会责任感。

（2）具有认真、细致、严谨的工作作风，具有良好的职业道德、实事求是的工作态度。

（3）具有勤于思考、善于观察、善于学习的精神。

（4）具有细胞培养无菌操作技能，培养安全意识，树立并践行社会主义核心价值观，具有敬业精神。

二、知识链接

（一）细胞冻存的概念

在低于－70 ℃的条件下，有机体细胞内部的生化反应极其缓慢，甚至终止。所谓冻存,就是将体外培养物或生物活性材料悬浮在加有或不加冷冻保护剂的溶液中,以一定的冷冻速率降至零下某一温度(一般是低于－70 ℃的超低温条件),并在此温度下对其长期保存的过程。而复苏就是以一定的复温速率将冻存的体外培养物或生物活性材料恢复至常温的过程。

(二)细胞慢冻方法

细胞冻存采用“慢冻”原则,在冻存过程中缓慢降温,以减少细胞内冰晶形成。按照冷冻保护液在冻结后是否形成冰晶来划分,冻存方法可分为非玻璃化冻存法和玻璃化冻存法两种。非玻璃化冻存是利用各种温度级的冰箱分阶段降温至－80～－70 ℃,然后直接投入液氮进行保存。非玻璃化冻存法介绍见下表。

方　法	步　骤
传统方法	4 ℃/30 min—20 ℃/30 min—80 ℃/6～18 min
程序降温	等速降温机以 1～3 ℃/min 的速率由室温降至－80 ℃
梯度降温冻存盒	盒夹层内装入 100%异丙醇,然后放入－80 ℃超低温冰箱,理论上按 1～3 ℃/min 的速率降温,直到－80 ℃

(三)细胞的冻存原则

培养细胞储存在液氮中,液氮温度低至－196 ℃,能长时间保存细胞活力,理论上在液氮内细胞可长时间存活。

细胞冻存和复苏的基本原则是慢冻快融。主要原因是细胞在不加任何保护剂的情况下直接冷冻时,细胞内外的水分会很快形成冰晶,冰晶的形成将引起一系列的不良反应。首先是细胞因脱水而使局部电解质浓度增高,导致细胞能量代谢障碍。冰晶体积膨胀,易造成 DNA 的空间构型发生不可逆的损伤性变化,引起细胞死亡。

(四)细胞冻存保护剂的作用

为了减少细胞内冰晶的形成对细胞造成的伤害,通常在保存液中加入一定浓度的冷冻保护剂。目前多采用甘油或二甲基亚砜(DMSO)作为冷冻保护剂。这两种物质对细胞无明显毒性,分子量小,溶解度大,易穿透细胞,可以使冰点下降,提高细胞膜对水的通透性;加上缓慢冷冻可使细胞内的水分渗出细胞外,在细胞外形成冰晶,减少细胞内冰晶的形成,从而减少由于冰晶形成造成的细胞损伤。细胞冻存时,DMSO 使用浓度范围为 5%～15%,常用 10%的浓度。

(五)离心机的介绍及操作规程

电动离心机分为普通离心机(图 3-2)、低速离心机、高速离心机及超高速离心机等。低速离心机常用于大量提取及初级分离生物大分子、沉淀物等。高速离心机多用于收集微生物、细胞碎片、细胞中大的细胞器以及免疫沉淀物等。超高速离心机能使亚细胞器分级分离，用于蛋白质、核酸分子量的测定等。

图 3-2　普通离心机

（六）细胞复苏的概念

细胞置于液氮中，可保存数年至数十年。细胞复苏与冻存的要求相反，复苏时解冻细胞速率要快，迅速通过细胞最易受损温度范围 −5～0 ℃，这样可以保证细胞外结晶在很短的时间内融化，避免由于缓慢融化使水分渗入细胞内形成胞内再结晶而对细胞造成损害，以防细胞内形成冰晶引起细胞死亡。冻存的细胞并非 100%复苏成功。失败可能与以下因素有关：①冻存时细胞数量少或生长状态不良；②细胞受细菌或支原体污染；③液氮罐保管不善，没有及时补充液氮；④复苏培养条件改变，如换用另一批号胎牛血清或不同种培养液；⑤复苏方法不得当。

（七）细胞的常规复苏方法

在一般情况下，细胞的复苏都采用常规复苏法，一般操作：将冻存细胞自液氮中小心取出，迅速置于 37 ℃水浴中，在 1 min 内使冻存的细胞解冻，离心弃上清液，移入含培养液的培养瓶内，置于 37 ℃、5% CO_2 温箱中培养，次日可以换液，弃去漂浮的死亡细胞，此时存活的细胞大部分可贴壁生长并增殖。

三、任务准备

（一）试剂与材料检查清单

试剂与材料	状　态	检查结果
DMEM	正常使用	合格 □　　不合格 □
胎牛血清	正常使用	合格 □　　不合格 □

续表

试剂与材料	状　态	检查结果
胰蛋白酶-EDTA	正常使用	合格 □　不合格 □
D-PBS	正常使用	合格 □　不合格 □
台盼蓝	正常使用	合格 □　不合格 □
无菌器材:1.5 ml EP管、细胞冻存管、玻璃吸管、细胞培养瓶、15 ml离心管	正常使用	合格 □　不合格 □
DMSO	正常使用	合格 □　不合格 □
0.2%的新洁尔灭	正常使用	合格 □　不合格 □
封口膜	正常使用	合格 □　不合格 □
微量移液器	正常使用	合格 □　不合格 □

(二)仪器设备检查清单

仪器设备	状　态	检查结果
4 ℃冰箱	正常使用	合格 □　不合格 □
−20 ℃冰箱	正常使用	合格 □　不合格 □
生物安全柜	正常使用	合格 □　不合格 □
CO_2培养箱	正常使用	合格 □　不合格 □
−80 ℃ 冰箱	正常使用	合格 □　不合格 □
离心机	正常使用	合格 □　不合格 □
倒置显微镜	正常使用	合格 □　不合格 □
液氮罐	正常使用	合格 □　不合格 □
水浴锅	正常使用	合格 □　不合格 □

四、任务操作

(一)细胞冻存

1. 细胞冻存液配制(非玻璃化冻存法)　细胞冻存液:10%的胎牛血清+10% DMSO+80%不完全培养基(DMEM)(胎牛血清的比例可以调整,范围为10%~90%)。

按照已知比例配制10 ml细胞冻存液:1 ml胎牛血清+1 ml DMSO+8 ml DMEM,配制好之后4 ℃保存一段时间再使用。

2. 细胞冻存操作过程

(1)常规消化细胞:从培养箱中取出一个培养皿(细胞处于对数生长期,且在冻存前 24 h 换新鲜培养液一次);用 1 ml 微量移液器吸掉旧培养液(吸头紧贴培养皿边壁底部吸取),用 D-PBS 洗涤细胞 1～2 次(取 1 ml D-PBS,靠近培养皿边壁底部加液和取液);加入胰蛋白酶-EDTA 溶液 20 μl,让胰蛋白酶没过培养皿底部,然后放入培养箱中 2～3 min;放在倒置显微镜下观察,当细胞将要分离而呈现圆粒状,甚至有部分细胞漂起来时,加入 1 ml 含血清的新鲜培养基终止胰蛋白酶作用并轻轻吹散细胞。

(2)收集培养的细胞:取少量细胞悬浮液(约 0.1 ml)计数细胞浓度及冻存前存活率,然后将所有细胞悬液分装入 1.5 ml EP 管中,用封口膜封口,天平平衡,以 1000 r/min 离心 5 min,然后弃掉上清液。

(3)向细胞沉淀物中加入适量细胞冻存液轻轻吹打混匀,使细胞密度达 1×10^6～1×10^7/ml。

(4)按每管 1～1.5 ml 的量分装于冻存管内,拧紧冻存管的管盖并用封口膜封口。

(5)做好冻存记录。记录内容包括冻存日期、细胞代号、冻存管数、冻存过程中降温的情况、冻存位置以及操作人员。

现介绍 2 种降温方法。

降温方法 1 如下:①将冻存管放入 4 ℃冰箱,约 30 min。②将冻存管置于 −20 ℃冰箱,约 30 min。③将冻存管转入超低温冰箱(−80 ℃冰箱),过夜放置。④将冻存管投入 −196 ℃液氮保存。

降温方法 2 如下:将冻存管放入梯度降温冻存盒中,然后直接将梯度降温冻存盒放入 −80 ℃冰箱中过夜,最后将冻存管投入 −196 ℃液氮长期保存。

(二)细胞复苏(非玻璃化冻存的复苏方法)

(1)对细胞实验室进行常规消毒,紫外线照射 40 min 以上。

(2)将恒温水浴箱的温度调节至 37 ℃,再将 DMEM 预热 20 min;用 75%乙醇擦拭、紫外线照射 30 min 生物安全柜台面。在工作台上按次序摆放好消过毒的离心管、吸管、细胞培养瓶等。

(3)佩戴眼镜和手套,根据细胞冻存记录按标签找到所需细胞的编号,从液氮罐中取出细胞盒,取出所需的细胞,核对管外的编号。将冻存管装入一次性塑料手套,然后立即投入 37 ℃温水中迅速晃动,直至冻存液完全溶解。

(4)待冻存管内液体完全溶解,取出冻存管,用 75%乙醇擦拭冻存管的外壁,再放入生物安全柜内。在 15 ml 离心管内加入约 10 ml 完全培养基,将 1 ml 冻存细胞悬液用移液器缓慢滴入 15 ml 离心管,以便冻存细胞悬液中的 DMSO 能缓慢渗出细胞。

(5)将细胞悬液经 800～1000 r/min 离心 5 min,弃上清液。

(6)向弃去上清液的细胞沉淀内加入完全培养基,轻轻吹打混匀,取少量细胞进行台盼蓝染色后计数,测细胞复苏活力,将细胞悬液转移到培养瓶内,补足培养液进行培养。

(7)将培养瓶放入 37 ℃、5%CO_2 的培养箱内培养 24～48 h,再换液继续培养,具体培养时间根据细胞情况而定。

五、常见问题及注意事项

(1)在使用 DMSO 前,不要对其进行高压蒸汽灭菌,因其本身就有灭菌作用。高压蒸汽灭菌反而会破坏其分子结构,以致降低冷冻保护效果。在常温下,DMSO 对人体有毒,故在配制时最好戴手套。

(2)应注意控制冻存细胞的质量。既要在冻存前保障细胞具有高活力,还要确保无微生物污染,这样的细胞才具有冻存价值。另外,每批细胞冻存一段时间后,要复苏 1～2 管,以观察其活力以及是否受到微生物的污染。

(3)复苏时要快速解冻。取冻存管时需戴手套,用镊子将冻存管取出,切不可直接用手,以防止液氮冻伤。由于冻存过的细胞变得非常脆弱,不仅解冻速率要快,而且解冻操作过程动作要轻。解冻时务必注意安全,预防冻存管爆裂。冻存管在水浴中解冻时,液面不可超过冻存管盖面,否则易发生污染。

六、结束任务和清场

事　　项	状　　态	检查结果
CO_2 培养箱	正常运行	合格 □　　不合格 □
4 ℃冰箱	正常运行	合格 □　　不合格 □
−20 ℃冰箱	正常运行	合格 □　　不合格 □
−80 ℃冰箱	正常运行	合格 □　　不合格 □
生物安全柜	清洁后关闭	合格 □　　不合格 □
离心机	清洁后关闭	合格 □　　不合格 □
倒置显微镜	清洁后关闭	合格 □　　不合格 □
液氮罐	正常运行	合格 □　　不合格 □

续表

事　项	状　态	检查结果
水浴锅	清洁后关闭	合格 □　不合格 □
微生物污染过的器材	灭菌及清洗干净	合格 □　不合格 □
所用玻璃器皿	清洗干净	合格 □　不合格 □
废弃物	回收放于指定位置	合格 □　不合格 □
操作场地	按要求清洁干净	合格 □　不合格 □

七、任务评价

评价阶段	序号	评价内容	评价标准	评价结果
操作前	1	明确任务要达到的目的	准确说出任务的目的	
	2	明确任务的原理	准确说出任务的原理	
	3	明确任务的操作步骤	准确说出任务的操作步骤	
	4	任务所需试剂和仪器的准备	正确准备所需试剂和仪器	
操作中	5	操作过程	操作规范,方法正确	
	6	仪器的使用	操作规范,方法正确	
	7	操作现象的要求	操作中出现的现象与要求一致	
	8	任务报告	任务报告规范完整,结果正确	
操作后	9	操作时间	按时完成	
	10	清场	按要求完成清场	

任务三　动物细胞的传代技术

扫码看 PPT

一、学习目标

(一)知识目标

(1)掌握细胞培养的概念及原则。

(2)掌握细胞的生长类型和形态特征。

(3)掌握细胞传代培养的技术和原理。

(二)能力目标

(1)熟练掌握细胞培养无菌操作技术,进行细胞培养无菌操作。

(2)熟练掌握在无菌条件下,对细胞进行消化传代。

(三)素质目标

(1)具有良好的责任意识及团结协作的精神,具有服务国家、服务人民的社会责任感。

(2)具有认真、细致、严谨的工作作风,具有良好的职业道德、实事求是的工作态度。

(3)具有勤于思考、善于观察、善于学习的精神。

(4)具有细胞培养无菌操作技能,培养安全意识,树立并践行社会主义核心价值观,具有敬业精神。

二、知识链接

(一)培养细胞的形态特征

体外培养细胞的生长方式主要有贴壁生长和悬浮生长两种,分别称为贴壁型细胞和悬浮型细胞,还有一些细胞兼具上述两种生长方式,称为兼性贴壁细胞,培养细胞的分类及特征见下表。

分类	特征
贴壁型细胞	成纤维细胞型、上皮细胞型、游走细胞型、多形细胞型
悬浮型细胞	悬浮型
兼性贴壁细胞	兼具上述两种生长方式

1. 贴壁型细胞 贴壁型细胞必须贴附于支持物表面才能生长,因此又称为贴壁依赖性细胞。一般可将贴壁生长的体外培养细胞大体分为成纤维细胞型、上皮细胞型、游走细胞型、多形细胞型四种类型,较常见的为前两种。

2. 悬浮型细胞 悬浮型细胞在体外生长时不需要贴附于支持物表面,可以悬浮状态在培养液中生长,这种细胞又称为非贴壁依赖性细胞。这类细胞的形态学特点是胞体始终为球形,观察时没有贴壁型细胞方便,见图 3-3。

3. 兼性贴壁细胞 当它们依附在培养物表面生长时呈上皮细胞型或成纤维细胞型的形态,而当悬浮于培养液中生长时则呈球形。如 CHO 细胞。

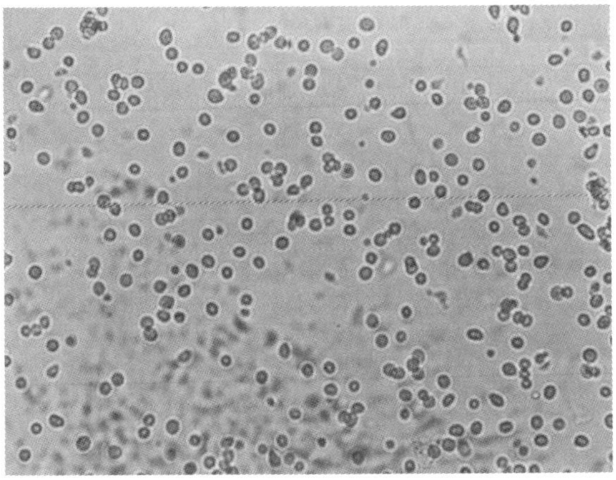

图 3-3 悬浮型细胞在显微镜下的图像

(二)动物细胞传代培养技术

1. 原代培养的首次传代 细胞由原培养瓶内分离稀释后传到新的培养瓶的过程称为传代。原代培养后由于细胞游出数量增加和细胞的增殖,整个瓶底逐渐被细胞覆盖。这时需要进行分离培养,否则细胞会因生存空间不足或密度过大、代谢产物的蓄积毒性、营养缺乏,影响细胞生长。首次传代时一般要特别注意以下几点。

(1)细胞生长到覆盖培养瓶底壁的大部分表面后再传代。细胞培养瓶见图 3-4。

图 3-4 细胞培养瓶

(2)传代时不同的细胞有不同的消化时间,因而要根据需要注意观察并及时进行处理。原代培养的细胞较传代培养的细胞消化时间相对较长。

(3)首次传代时细胞接种数量要多一些,使细胞能尽快适应新环境而利于细胞生存和增殖。随消化分离而脱落的组织块也可一并传入新的培养瓶。

2. 细胞传代的方法 细胞不同,细胞传代采取的方法也不同。贴壁生长的细胞用消化传代,部分轻微贴壁生长的细胞用直接吹打即可传代。悬浮生长的细胞可以采用直接吹打或离心分离后传代,或用自然沉降吸除上清液后,再吹打传代。

常用胰蛋白酶对贴壁型细胞进行消化传代,它可以破坏细胞与细胞、细胞与培养瓶之间的细胞连接或接触,从而使它们之间的连接减弱或完全消失,经胰蛋白酶处理的贴壁型细胞在外力(如吹打)的作用下可以分散成单个细胞,再经稀释和接种后就可以为细胞生长提供足够的营养和空间,以达到细胞传代培养的目的。

三、任务准备

(一)试剂与材料检查清单

试剂与材料	状　态	检查结果
DMEM	正常使用	合格 □　不合格 □
Hanks 平衡盐溶液	正常使用	合格 □　不合格 □
0.25%胰蛋白酶溶液	正常使用	合格 □　不合格 □
D-Hanks 平衡盐溶液	正常使用	合格 □　不合格 □
胎牛血清	正常使用	合格 □　不合格 □
无菌器材:锥形瓶、玻璃吸管、细胞培养瓶	正常使用	合格 □　不合格 □
微量移液器	正常使用	合格 □　不合格 □

(二)仪器设备检查清单

仪器设备	状　态	检查结果
生物安全柜	正常使用	合格 □　不合格 □
离心机	正常使用	合格 □　不合格 □
倒置显微镜	正常使用	合格 □　不合格 □
CO_2培养箱	正常使用	合格 □　不合格 □
4 ℃冰箱	正常使用	合格 □　不合格 □

四、任务操作

1. 传代前准备　传代前先把 DMEM 和 0.25%胰蛋白酶溶液从冰箱中取出在室温下放置 1～2 h,因为冰箱中的培养基温度与无菌室的温度相差很大,这样做可以防止细胞“感冒”。

2. 传代

(1)倒弃陈旧培养液:取 80%或接近汇合的培养细胞,使培养瓶的细胞面向上,将培养液倒入盛污物的锥形瓶中(或用吸管吸出培养液),用约 2 ml Hanks 平衡盐溶液(或 D-Hanks 平衡盐溶液)清洗 2～3 次。

(2)加消化液:向培养瓶内加入0.25%胰蛋白酶溶液约2 ml,室温(37 ℃)下消化。

(3)观察消化细胞,掌握好消化时间:将培养瓶置于倒置显微镜下观察,当发现细胞质回缩,细胞与细胞之间的接触松散、间隙增大,细胞变圆或出现蜘蛛网状结构时,立即将培养瓶直立并终止消化(约需3 min)。用肉眼观察时可见培养瓶的细胞面出现类似水汽的一层结构,并出现发雾现象。

(4)终止消化:向培养瓶内加入等量含胎牛血清的DMEM溶液终止消化。拍打培养瓶,促使已松动的细胞从瓶壁脱落。然后用吸管将细胞从瓶壁吹打下来,1000 r/min离心10 min去除胰蛋白酶。

(5)制作细胞悬液:离心完毕,加DMEM溶液约5 ml,用吸管吸取DMEM溶液轻轻反复吹打细胞,使细胞混匀形成细胞悬液。吹打勿用力过猛,以免伤害细胞。

(6)接种和培养:将细胞悬液按1∶2或1∶3的比例分配,接种到2~3个培养瓶内,再向各瓶补加DMEM溶液到5 ml,做标记后置于培养箱中培养。此后每3天换液1次,并注意观察细胞传代培养后的形态变化。

(7)记录:细胞传代工作完成后,操作人员应及时完成相应记录工作。

五、常见问题及注意事项

(1)胰蛋白酶最适消化温度是37 ℃,为了加快消化速率,可将加酶的培养皿放入培养箱;胰蛋白酶用量根据培养皿的大小而定,没过细胞层即可。

(2)在使用胰蛋白酶溶液的过程中要特别注意避免其被细菌污染。

(3)胰蛋白酶溶液消化细胞时间不宜过长,否则细胞铺板后生长状况会较差,消化不足则细胞难以从瓶壁上吹下;消化过程若反复吹打同样也会损伤细胞活性。

六、结束任务和清场

事项	状态	检查结果
生物安全柜	清洁后关闭	合格 □ 不合格 □
离心机	清洁后关闭	合格 □ 不合格 □
倒置显微镜	清洁后关闭	合格 □ 不合格 □
CO_2培养箱	正常运行	合格 □ 不合格 □
4 ℃冰箱	正常运行	合格 □ 不合格 □
微生物污染过的器材	灭菌及清洗干净	合格 □ 不合格 □
所用玻璃器皿	清洗干净	合格 □ 不合格 □
废弃物	回收放于指定位置	合格 □ 不合格 □
操作场地	按要求清洁干净	合格 □ 不合格 □

七、任务评价

评价阶段	序号	评价内容	评价标准	评价结果
操作前	1	明确任务要达到的目的	准确说出任务的目的	
	2	明确任务的原理	准确说出任务的原理	
	3	明确任务的操作步骤	准确说出任务的操作步骤	
	4	任务所需试剂和仪器的准备	正确准备所需试剂和仪器	
操作中	5	操作过程	操作规范,方法正确	
	6	仪器的使用	操作规范,方法正确	
	7	操作现象的要求	操作中出现的现象与要求一致	
	8	任务报告	任务报告规范完整,结果正确	
操作后	9	操作时间	按时完成	
	10	清场	按要求完成清场	

任务四　细胞计数及活性检查

扫码看 PPT

一、学习目标

(一)知识目标

(1)掌握细胞活性检查的 3 种方法。

(2)掌握血细胞计数板的使用原则。

(3)掌握光学显微镜的使用原则。

(二)能力目标

(1)熟练掌握细胞活性检查中台盼蓝染色的操作方法。

(2)熟练掌握细胞计数中血细胞计数板的操作规程。

(三)素质目标

(1)具有良好的责任意识及团结协作的精神,具有服务国家、服务人民的社会责任感。

(2)具有认真、细致、严谨的工作作风,具有良好的职业道德、实事求是的工作态度。

(3)具有勤于思考、善于观察、善于学习的精神。

(4)具有细胞培养无菌操作技能,培养安全意识,树立并践行社会主义核心价值观,具有敬业精神。

二、知识链接

(一)细胞活性检查

细胞活性检查是细胞培养的基本技术,它是了解不同药物、生化物质处理等效果的直观简便手段,也是评定细胞冻存效果的方法之一。在细胞冻存和复苏过程中,细胞遭受的非生理性的低温打击等,不可避免地对细胞产生影响,引起部分细胞活性下降或死亡。细胞活性检查是衡量细胞冻存、复苏效果的一种简便易行的方法。常见的细胞活性检查方法与原理见下表。

方　　法	原　　理
染色法	染料与 DNA 结合
四唑盐比色法(MTT 比色法)	细胞中的酶将其还原成蓝紫色沉淀物
台盼蓝染色法	活细胞不会被染成蓝色,死细胞会被染成淡蓝色

1. 染色法　细胞损伤或死亡时,某些染料可穿透变性的细胞膜,与解体的 DNA 结合,使其着色。而活细胞能阻止这类染料进入细胞,因此可以鉴别死细胞与活细胞。常用的染料有台盼蓝、苯胺黑、结晶紫等。

2. 四唑盐比色法(MTT 比色法)　MTT 中文名为噻唑蓝,化学名为 3-(4,5-二甲基-2-噻唑)-2,5-二苯基四氮唑溴盐。四唑盐比色法的原理是活细胞中的脱氢酶能将四唑盐还原成不溶于水的蓝紫色产物——甲瓒,并沉淀在细胞中,而死细胞没有这种功能。二甲基亚砜(DMSO)能溶解沉积在细胞中蓝紫色的结晶物,溶液颜色的深浅与所含结晶物甲瓒的量成正比例。

3. 台盼蓝染色法　台盼蓝又称锥虫蓝,可溶于水,是细胞活性染料,常用于检测细胞膜的完整性,还常用于检测细胞是否存活。活细胞不会被染成蓝色,而死细胞会被染成淡蓝色。台盼蓝是组织和细胞培养中常用的死细胞鉴定染色方法之一,染色只需 3～5 min 即可完成,染色后,通过显微镜下直接计数或显微镜下拍照后计数,就可以对细胞存活率进行比较精确的定量分析。

(二)血细胞计数板

血细胞计数板被用于对人体红、白细胞进行显微计数,也常用于计算细菌、真菌、酵母菌等微生物的数量,是一种常见的生物学工具。血细胞计数板用优质厚玻璃制成，载玻片上有 4 个槽，构成 3 个平台。中间的平台较宽，其中间又被 1 个短横槽分隔成两半，每个半边上面各刻 1 个方格网，每个方格网共分 9 个大格，中央的一大格用作计数，称为计数区。计数区的刻度有 2 种：一种是计数区分为 16 个大方格(大方格用三线隔开)，而每个大方格又分成 25 个小方格；另一种是一个计数区分成 25 个大方格(大方格之间用双线分开)，而每个大方格又分成 16 个小方格。不管计数区是哪一种构造，它们都有一个共同特点，即计数区都由 400 个小方格组成。计数区边长为 1 mm，则计数区的面积为 1 mm^2，每个小方格的面积为 1/400 mm^2。盖上盖玻片后，计数区的高度为 0.1 mm，所以每个计数区的体积为 0.1 mm^3，每个小方格的体积为 1/4000 mm^3。

(三)血细胞计数板的计数公式

16 格×25 格的血细胞计数板计算公式：

细胞数/ml＝100 小格内细胞个数/100×400×10000×稀释倍数

25 格×16 格的血细胞计数板计算公式：

细胞数/ml＝80 小格内细胞个数/80×400×10000×稀释倍数

备注：公式中乘以 10000 是因为血细胞计数板中每一个大格的体积为 1.0 mm(长)×1.0 mm(宽)×0.1 mm (高) ＝0.1 mm^3，而 1 ml＝1000 mm^3，1×1000÷0.1＝10000。

(四)光学显微镜操作规程

光学显微镜示意图见图 3-5，按其使用的操作规程进行显微镜操作。

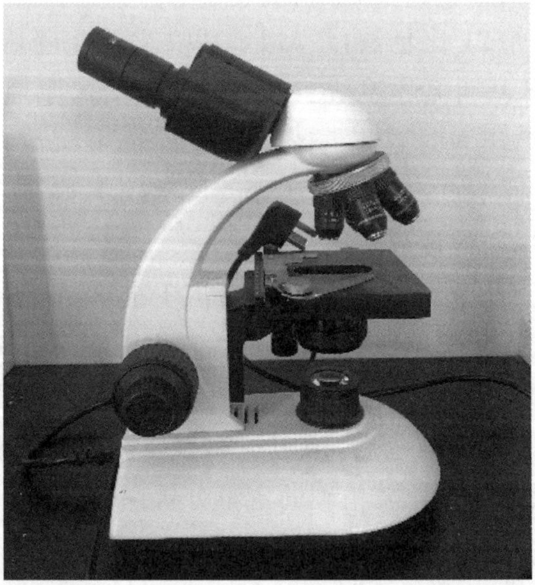

图 3-5　光学显微镜示意图

三、任务准备

(一)试剂与材料检查清单

试剂与材料	状　　态	检查结果
DMEM	正常使用	合格 ☐　　不合格 ☐
Hanks 平衡盐溶液	正常使用	合格 ☐　　不合格 ☐
0.25%胰蛋白酶溶液	正常使用	合格 ☐　　不合格 ☐
D-Hanks 平衡盐溶液	正常使用	合格 ☐　　不合格 ☐
无菌器材:1.5 ml EP 管、5 ml EP 管、玻璃吸管、细胞培养瓶	正常使用	合格 ☐　　不合格 ☐
苯胺黑	正常使用	合格 ☐　　不合格 ☐
台盼蓝	正常使用	合格 ☐　　不合格 ☐
结晶紫	正常使用	合格 ☐　　不合格 ☐
血细胞计数板	正常使用	合格 ☐　　不合格 ☐
盖玻片	正常使用	合格 ☐　　不合格 ☐
微量移液器	正常使用	合格 ☐　　不合格 ☐

(二)仪器设备检查清单

仪器设备	状　　态	检查结果
生物安全柜	正常使用	合格 ☐　　不合格 ☐
离心机	正常使用	合格 ☐　　不合格 ☐
电子显微镜	正常使用	合格 ☐　　不合格 ☐

四、任务操作

1. 配制染色液

(1)配制 0.05%苯胺黑溶液:取 0.05 g 苯胺黑充分研磨后溶于 100 ml Hanks 平衡盐溶液中。苯胺黑对细胞毒性小,但溶解性差,配制后需进行过滤,贴上标签备用。

(2)配制 0.4%台盼蓝溶液:取 0.4 g 台盼蓝加热溶于 10 ml Hanks 平衡盐溶液中,贴上标签备用。

(3)配制0.1%结晶紫溶液:取0.1 g结晶紫研磨后溶于10 ml Hanks平衡盐溶液,过滤,贴上标签备用。

2. 制备细胞悬液并计数　将培养细胞制成细胞悬液,计数后调整细胞浓度为1×10^8/ml左右。细胞计数及密度换算操作过程如下。

(1)准备血细胞计数板,用乙醇清洁计数板表面及盖玻片,然后用干净纱布轻轻拭干,注意不要划伤计数板表面。

(2)制备细胞悬液:取1瓶传代的细胞,待长成单层后,用0.25%胰蛋白酶溶液消化。加入培养液(或D-Hanks平衡盐溶液),吹打制成待测细胞悬液(可做适当比例稀释)。本法要求细胞密度不低于10^4/ml,若细胞数很少,应将悬液离心(1000 r/min,2 min),重悬于少量培养液中。

(3)加样:将盖玻片放在计数板中央。用玻璃吸管轻轻吹打细胞悬液使其混合均匀后,取少许细胞悬液,加入计数板与盖坡片之间,利用毛细作用使细胞悬液充入计数板内。加样不宜过少或产生气泡,也不要溢出盖玻片。如加入悬液过多,溢出并流入两侧深槽内,使盖玻片浮起,会影响计数结果。如出现上述情况,应洗净计数板,干燥后重做。

(4)计数:细胞培养液滴入计数板后,须静置2～3 min,然后在低倍镜下计数。在显微镜下,用10×物镜观察计数板四角大方格中的细胞数。计数时应遵循一定的路径,对横跨刻度上的细胞依照"数上不数下,数左不数右"的原则进行计数,即细胞压中线时,只计左侧和上方的细胞,不计右侧和下方的细胞。计数细胞时,数四个大方格的细胞总数。

(5)计算:将计算结果代入下式,得出细胞密度。

$$细胞密度(细胞数/ml)=(4大格细胞数之和/4)\times10^4$$

若原液稀释一定倍数后,再进行细胞计数,则

$$原液中细胞密度(细胞数/ml)=(4大格细胞数之和/4)\times10^4\times稀释倍数$$

3. 染色

(1)0.05%苯胺黑法:使用时,将0.05%苯胺黑溶液与细胞悬液以1∶10混合,稍放置后制片镜检,死细胞被染成黑色,活细胞不着色。

(2)0.4%台盼蓝法:取少量细胞悬液,按1∶10加入0.4%台盼蓝溶液,充分混匀,静置1～2 min。制片镜检,镜下观察,死细胞被染成明显的蓝色,而活细胞因拒染呈无色透明状。

(3)0.1%结晶紫法:细胞悬浮液与结晶紫液等量混合后,立即制片镜检,着紫色的为活细胞。

4. 记录　细胞活性检查工作完成后,操作人员应及时完成相应记录工作。

五、常见问题及注意事项

(1)细胞悬液应充分混匀。

(2)吹打混匀细胞以及将悬液注入血细胞计数板时不要产生气泡。

(3)计数中,不要漏记,不要重复,每个细胞悬液样品至少测试 2 次,求平均值。

六、结束任务和清场

事　项	状　态	检查结果
生物安全柜	清洁后关闭	合格 □　不合格 □
离心机	清洁后关闭	合格 □　不合格 □
电子显微镜	清洁后关闭	合格 □　不合格 □
微生物污染过的器材	灭菌及清洗干净	合格 □　不合格 □
所用玻璃器皿	清洗干净	合格 □　不合格 □
废弃物	回收放于指定位置	合格 □　不合格 □
操作场地	按要求清洁干净	合格 □　不合格 □

七、任务评价

评价阶段	序号	评价内容	评价标准	评价结果
操作前	1	明确任务要达到的目的	准确说出任务的目的	
	2	明确任务的原理	准确说出任务的原理	
	3	明确任务的操作步骤	准确说出任务的操作步骤	
	4	任务所需试剂和仪器的准备	正确准备所需试剂和仪器	
操作中	5	操作过程	操作规范,方法正确	
	6	仪器的使用	操作规范,方法正确	
	7	操作现象的要求	操作中出现的现象与要求一致	
	8	任务报告	任务报告规范完整,结果正确	
操作后	9	操作时间	按时完成	
	10	清场	按要求完成清场	

任务五　生物反应器的认识与操作

扫码看 PPT

一、学习目标

(一)知识目标

(1)掌握动物生物反应器细胞培养系统的组成。

(2)掌握动物生物反应器细胞培养系统的常规配套设备。

(3)掌握生物反应器各个结构部件的作用。

(二)能力目标

(1)能根据操作流程完成对 3 L 生物反应器的组装。

(2)熟练根据操作流程完成对生物反应器的接种。

(3)遵守操作规程,保证自身和环境安全。

(三)素质目标

(1)具有良好的责任意识及团结协作的精神,具有服务国家、服务人民的社会责任感。

(2)具有认真、细致、严谨的工作作风,具有良好的职业道德、实事求是的工作态度。

(3)具有勤于思考、善于观察、善于学习的精神。

(4)具有细胞培养无菌操作技能,培养安全意识,树立并践行社会主义核心价值观,具有敬业精神。

二、知识链接

(一)生物反应器的概念

生物反应器是大规模动物细胞培养的核心设备。动物细胞与微生物细胞相比有很大的差异,其对体外培养环境有严格的要求,如动物细胞没有细胞壁,对剪切力、渗透压等物理环境因素非常敏感,生长相对比较缓慢,耗氧量远远低于好氧微生物培养,因此传统的微生物发酵罐不能简单地用于动物细胞培养,必须根据动物细胞的特性,设计专用的反应器的结构和过程控制系统。一台动物细胞培养生物反应器的设计必须满足如下要求。

(1)传质因素:具有良好的传质能力,充分并均匀地供应生物反应过程所需的氧气和营养物质。

(2)传热因素:动物细胞培养最适温度一般为 37 ℃左右,高于室温,因此能及时、均匀地供应或者除去反应过程的热量。

(3)安全因素:结构严密,具有严密的防污染性能。

(二)生物反应器的分类

按照细胞的培养方式不同,常见的生物反应器可分为悬浮培养用反应器、贴壁培养用反应器和包埋培养用反应器 3 种,见下表。

种　　类	举　　例
悬浮培养用反应器	机械搅拌式反应器、中空纤维反应器、气升式反应器
贴壁培养用反应器	机械搅拌式反应器、微载体培养反应器、中空纤维反应器、玻璃珠床反应器
包埋培养用反应器	流化床反应器、固定床反应器

(三)常用的几种生物反应器类型

1. 机械搅拌式反应器　最经典、最早、最普遍的一类生物反应器,通常由罐体、管路、阀门、泵、马达等组成,由马达带动桨叶混合培养液,通过搅拌器的作用使细胞在培养液中均匀分布,罐体上安装不同的传感器,用于在线实时监测培养液的 pH、溶氧浓度、温度等重要参数。针对动物细胞培养的特点,对搅拌器和通气方式进行改进,可以通过搅拌器的作用使细胞和养分均匀分布在培养液中,并增大气泡和液体的接触面,有利于氧的传递。

2. 气升式反应器　利用空气喷嘴喷出高速空气,空气以气泡形式分散于液体中。通气侧的液体平均密度下降;不通气侧的液体密度较大,因此两侧液体产生密度差,从而形成液体的环流,带动细胞和营养物质的传递。

(四)生物反应器培养系统的组成

生物反应器培养系统包括控制器和生物反应器两大部分。控制器通过传感器收集和储存培养过程的信号数据,并进行综合分析和处理,再通过效应器执行相应的操作,以便对整个培养过程进行监测和控制。生物反应器的基本结构见图 3-6。

(五)种子扩增

根据实际生产需求,在冻存的工作细胞库中取出一支或多支冻存管,经传代复苏,恢复正常活性后,细胞液再经过一系列不同体积和不同类型的细胞培养装置,不断增大细胞培养体积,获得足够的数量,才能作为种子进入生物反应器中进行培养,

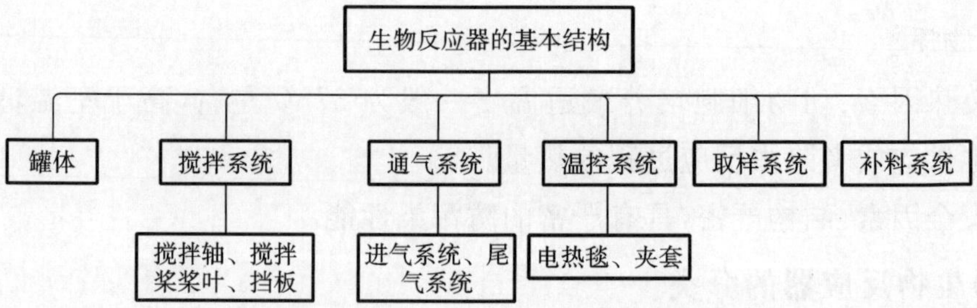

图 3-6 生物反应器的基本结构

此过程也称为种子扩增。

种子扩增始于细胞复苏，止于生物反应器的接种。相比于微生物发酵，细胞培养的种子扩增步骤较为复杂：①动物细胞生长缓慢，种子扩增需要 12～20 天才能完成；②动物细胞传代时的稀释比例有限，一般不超过 1∶10；所以种子扩增需5～8 次传代才能完成。同时需要注意的是，动物细胞传代次数不得超过该细胞用于生产的最高限制代次。

三、任务准备

(一)试剂与材料检查清单

试剂与材料	状　态	检查结果
纱布	正常使用	合格 □　不合格 □
75％乙醇	正常使用	合格 □　不合格 □
酒精灯	正常使用	合格 □　不合格 □
无菌器材：锥形瓶、移液管、硅胶管、灭菌针管、种子瓶、注射器	正常使用	合格 □　不合格 □
微量移液器	正常使用	合格 □　不合格 □

(二)仪器设备检查清单

仪器设备	状　态	检查结果
BioBundle 系列 3 L 生物反应器	正常使用	合格 □　不合格 □
生物安全柜	正常使用	合格 □　不合格 □
高压蒸汽灭菌锅	正常使用	合格 □　不合格 □

四、任务操作

(一)认识 3 L 生物反应器

荷兰 Applikon 公司的 BioBundle 系列 3 L 单壁罐体玻璃生物反应器是目前动物细胞小试培养中比较常用的一类,因此我们以该型号生物反应器为例,详细介绍小型生物反应器的组装过程。

BioBundle 系列的 3 L 生物反应器采用 ez-Control 控制系统。其组装分为罐体和配件两大块,配件的组装可以细分为搅拌系统、通气系统、温控系统、取样系统和补料系统五个部分。

该型号仪器的主要结构和性能参数如下。

(1)电极:带电缆的胶填充 pH 电极,带电缆的低漂移溶氧电极,带电缆的 Pt100 电极。

(2)控制器:ADI1010 控制器,内部带有搅拌控制器;含有 3 个转子流量计和 3 个循环泵,以及水和气体接头。

(3)搅拌系统:Lipseal 搅拌器、Marine 斜叶搅拌浆,涡流;搅拌速率为 1250 r/min,电机功率为 100 W。

(4)通气系统:带多孔气体分布器的空气进气管;气体可以叠加;配有不锈钢尾气冷凝器。

(5)补料系统:单通补料组件,三通补料组件。

(6)取样系统:取样管,Harvest 管。

(7)pH 控制:通过带电磁阀转子流量计控制叠加 CO_2;通过管道泵加碱液。

(8)DO 控制:通过转子流量计控制空气;通过带电磁阀转子流量计控制氧气;也可通过搅拌速率控制氧气。

(9)温控系统:罐体周围的电热毯、夹套。

(二)罐体安装

(1)逆时针松开固定罐盖的 6 个螺母,取出罐盖。注意在松开的过程中需要两两对称拧松,同时在安装时需要顺时针对称拧紧。

(2)在罐盖中心 M30×1 螺纹孔安装搅拌装置。

(3)将 3 块 Marine 斜叶搅拌桨桨叶连接至搅拌装置上。

(4)将 3 块挡板从罐盖底部插入,在罐盖顶部拧紧螺母固定(若反应器未配置挡板,可省略此步)。

(5)从罐盖底部插入并安装直径 10 mm 孔和直径 12 mm 孔处的配件,在罐盖顶部拧紧螺母固定。

(6)对于 M18×1.5 螺纹孔的配件,由于配件自身带有螺纹,在罐盖顶部直接拧紧。

(7)将溶氧电极支撑架安装在 G3/4 螺纹孔,用于安装溶氧电极。

(8)将罐盖装回反应器,两两对称顺时针拧紧罐盖的 6 个螺母,保证罐体的密封性。

(三)生物反应器接种

种子扩增到一定体积,达到所需的细胞数量后,就可以按照一定量的接种密度,接种至锥形瓶或者生物反应器中进行培养。

在生物反应器中培养时,种子需要通过特定的管路导入。种子的导入通过接种隔膜,由灭菌针管直接插入进行接种。具体操作流程如下。

(1)组装种子瓶:准备一个蓝瓶,瓶盖连接一个空气过滤器的硅胶管和一个末端连接针头的硅胶管,瓶盖拧紧,针头用八层纱布扎紧。

(2)将种子瓶置于高压蒸汽灭菌锅中,121 ℃灭菌 20 min;灭菌结束待冷却后取出,置于洁净操作台中。

(3)在洁净操作台中,将一定体积的种子液转移到种子瓶中,拧紧瓶盖。

(4)接种前,用 75%乙醇擦拭接种隔膜表面,并在周围环境喷洒乙醇,创造一定的无菌环境。

(5)靠近火焰,打开纱布,针头灼烧至通红,待冷却后,快速插入接种隔膜。

(6)种子瓶与生物反应器连接后,用注射器连接空气过滤器,推入空气,通过重力作用,将种子液导入生物反应器中。

五、常见问题及注意事项

(1)电极不使用时需要及时卸下保存,清洗干净后,将 pH 电极放置在饱和 KCl 溶液中,DO 电极放置在干燥的空气中。对于 3 L 生物反应器,卸下电极后,罐壁缺口还需用相应大小的密封堵头拧紧。

(2)生物反应器组装结束后,若不使用,将搅拌系统、温控系统等逐个关闭,再关闭电源。

(3)将生物反应器周围杂物收拾干净,并用 75%乙醇喷洒擦拭,保持罐体的洁净。

六、结束任务和清场

事　项	状　态	检查结果
BioBundle 系列 3 L 生物反应器	清洁后关闭	合格 □　　不合格 □
生物安全柜	清洁后关闭	合格 □　　不合格 □
高压蒸汽灭菌锅	清洁后关闭	合格 □　　不合格 □

续表

事　　项	状　　态	检查结果
微生物污染过的器材	灭菌及清洗干净	合格 □　　不合格 □
所用玻璃器皿	清洗干净	合格 □　　不合格 □
废弃物	回收放于指定位置	合格 □　　不合格 □
操作场地	按要求清洁干净	合格 □　　不合格 □

七、任务评价

评价阶段	序号	评价内容	评价标准	评价结果
操作前	1	明确任务要达到的目的	准确说出任务的目的	
	2	明确任务的原理	准确说出任务的原理	
	3	明确任务的操作步骤	准确说出任务的操作步骤	
	4	任务所需试剂和仪器的准备	正确准备所需试剂和仪器	
操作中	5	操作过程	操作规范,方法正确	
	6	仪器的使用	操作规范,方法正确	
	7	操作现象的要求	操作中出现的现象与要求一致	
	8	任务报告	任务报告规范完整,结果正确	
操作后	9	操作时间	按时完成	
	10	清场	按要求完成清场	

任务六　细胞培养过程参数分析与控制

扫码看 PPT

一、学习目标

(一)知识目标

(1)掌握细胞培养过程中参数的控制。

(2)掌握细胞培养过程中参数的影响。

(3)掌握倒置显微镜的使用原则。

(二)能力目标

(1)熟练掌握细胞培养过程中参数分析的方法。

(2)熟练掌握细胞培养过程中参数控制的方法。

(三)素质目标

(1)具有良好的责任意识及团结协作的精神,具有服务国家、服务人民的社会责任感。

(2)具有认真、细致、严谨的工作作风,具有良好的职业道德、实事求是的工作态度。

(3)具有勤于思考、善于观察、善于学习的精神。

(4)具有细胞培养无菌操作技能,培养安全意识,树立并践行社会主义核心价值观,具有敬业精神。

二、知识链接

(一)培养过程检测参数

动物细胞在培养过程中会同时受到内、外条件的相互作用影响。外部条件包括生物反应器内部的物理、化学和生物条件;内部条件是细胞本身内部的生化反应。在培养过程中只能间接通过改变外部条件来调控细胞的代谢状态,将环境因素调节至最佳状态,以利于细胞的生长或产物的形成。因此培养过程中需要了解一些与环境条件和细胞生理状态有关的信息,即需要对过程参数进行检测,使用倒置显微镜(图 3-7)观察细胞状态。

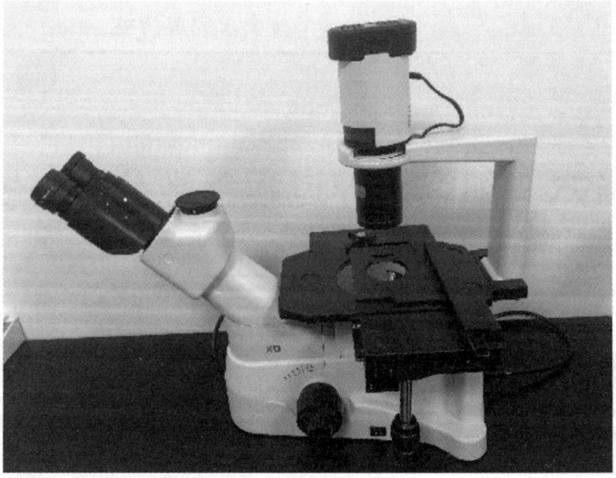

图 3-7 倒置显微镜

动物细胞培养过程中需要检测的参数主要包括物理参数、化学参数和生物参数,对各个参数采用相应的仪表进行在线或者离线检测动物细胞培养的检测参数见下表。

参数	举例
物理参数	温度、罐压、气体流量
化学参数	pH、溶氧、溶解二氧化碳的浓度
生物参数	活细胞密度、活力、细胞形态

(二)主要培养参数的影响

1. 温度的影响 温度是保证酶活性的重要条件，故在培养过程中必须保证最适宜的温度环境。不同种类的细胞，最适生长温度和耐受温度范围均不一样，而且适合细胞生长的温度不一定适合产物合成。温度除了直接影响培养过程的代谢反应速率外，还会改变培养液的物理性质。

2. pH 的影响 pH 也是细胞代谢活动的综合指标，是培养过程中非常重要的状态参数，在培养过程中 pH 不断发生变化。在培养早期，动物细胞代谢旺盛，消耗大量的葡萄糖，产生有机酸等酸性物质，使 pH 下降；在培养中后期，动物细胞生长趋于缓慢，葡萄糖消耗速率减慢，此时细胞部分裂解，并积累 NH_3 等代谢副产物，使 pH 上升。

3. 溶氧的影响 动物细胞在有氧呼吸过程中需要不断地消耗氧气，为其生长代谢提供所必需的能量和各种结构单元。在培养过程中溶氧浓度需控制在临界氧浓度以上，临界氧浓度指不影响呼吸所允许的最低溶氧浓度。值得注意的是，在培养过程中并不是维持溶氧浓度越大越好，溶氧浓度大一方面会增加搅拌和通气压力，另一方面过大的溶氧浓度对细胞可能有毒害作用。

(三)温度的控制

动物细胞在体外培养时，最适温度一般为 37 ℃左右，高于环境温度，培养过程中常常会采用温度控制工艺，因此要求生物反应器具有一定的加热和降温能力，见图 3-8。一般采用夹套和电热毯进行温度控制。

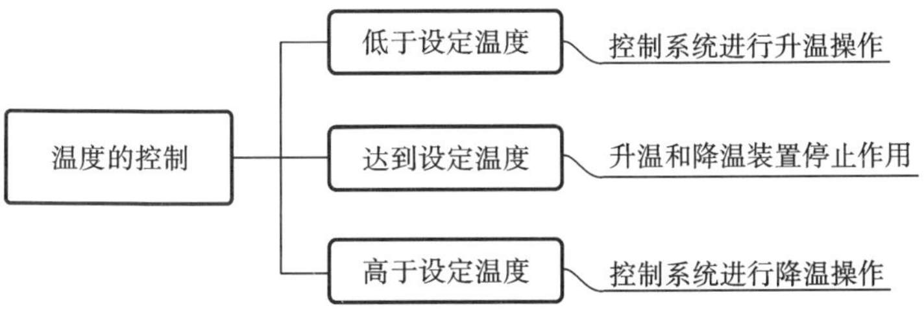

图 3-8 生物反应器温度的控制

(四)pH 的控制

动物细胞培养过程中 pH 一般控制在 6.8～7.2。在培养早期,动物细胞代谢旺盛,消耗葡萄糖,产生有机酸等,造成 pH 过低,此时开启碱泵,补入一定量的碱液提高 pH。在培养中后期,动物细胞生长趋于缓慢,葡萄糖消耗减慢,并积累 NH_3 等代谢副产物,造成 pH 过高,此时开启 CO_2 阀门,充入 CO_2 气体降低 pH,将培养过程的 pH 控制在合理的范围内。

(五)溶氧的控制

动物细胞培养过程中除了需要培养基提供营养物质外,还需提供额外的氧气,以满足细胞正常的生长代谢。在整个培养过程中,细胞需要消耗大量的氧气,因此氧气的供应通常是限制因素,在生物反应器中培养时可以通过增加转速、加大通气量、通入氧气或者降温减缓代谢,以保证氧气的充足供应。

三、任务准备

(一)试剂与材料检查清单

试剂与材料	状　态	检查结果
DMEM	正常使用	合格 □　不合格 □
Hanks 平衡盐溶液	正常使用	合格 □　不合格 □
0.25%胰蛋白酶溶液	正常使用	合格 □　不合格 □
D-Hanks 平衡盐溶液	正常使用	合格 □　不合格 □
无菌器材:1.5 ml EP 管、5 ml EP 管、玻璃吸管、细胞培养瓶	正常使用	合格 □　不合格 □
台盼蓝	正常使用	合格 □　不合格 □
血细胞计数板	正常使用	合格 □　不合格 □
盖玻片	正常使用	合格 □　不合格 □
甘油	正常使用	合格 □　不合格 □
NaOH 溶液	正常使用	合格 □　不合格 □
微量移液器	正常使用	合格 □　不合格 □

(二)仪器设备检查清单

仪器设备	状　态	检查结果
BioBundle 系列 3 L 生物反应器	正常使用	合格 □　　不合格 □
生物安全柜	正常使用	合格 □　　不合格 □
高压蒸汽灭菌锅	正常使用	合格 □　　不合格 □
离心机	正常使用	合格 □　　不合格 □
倒置显微镜	正常使用	合格 □　　不合格 □

四、任务操作

(一)温度的控制

仪器:荷兰 Applikon BioBundle 系列 3 L 单壁罐体玻璃生物反应器,采用 ez-Control 控制系统。采用电热毯控温。

培养参数温度控制过程如下。

(1)确认电热毯电缆和温度电极电缆插头已连接至控制器上相应的插口。

(2)将电热毯包裹在生物反应器罐体外壁,温度电极直接插入温度电极槽中,并加入一定体积的甘油,增强传热效果。

(3)开启 ez-Control 控制器,进入主界面,点击"Temperature"按钮进入温度控制模块;在"Temperature set point"中输入温度控制值,如"37 ℃",点击"Start Temperature controller",开始进行温度控制。

(4)回到主页面,可看到温度控制处于开启状态,加热(Heating)符号显示为红色。

(5)待达到设定值 37 ℃,加热停止;若温度超过设定值,加热相应停止,通过环境温度进行自然降温。

(二)pH 的控制

仪器:荷兰 Applikon BioBundle 系列 3 L 单壁罐体玻璃生物反应器,采用 ez-Control 控制系统,培养参数 pH 控制,设置如下。

(1)在"Menu"菜单中,在"System"栏中选择"Configuration",在配置页面中点击"Control loop",可以看到培养参数 pH 控制的偶联方式,选"Alkali pump"和"CO_2 MFC"。

(2)确定 CO_2 阀门已开启,碱已通过碳泵连接至罐的三通补料口上,并已灌满管道。

(3)进入控制器的主界面,点击主界面右上角"pH"按钮或者点击参数"pH"模块,进入 pH 控制模块。

(4)在"pH set point"中输入 pH 控制值,如"7.0",点击"Start pH controller",开始进行 pH 控制。

(5)选择"pH controller set up",在"Dead zone"中输入控制范围,如输入"0.2",表示 pH 在 6.8~7.2 时,碱泵或者 CO_2 阀门都不会工作。

(三)培养过程分析

在培养过程中,除了通过温度电极、pH 电极和溶氧电极等在线传感器实时观察培养过程表观状态的变化外,同时需要更加深入关注细胞本身的生长和代谢情况,从而判断培养的进程,并为后续的培养工艺调整和补料操作提供一定依据。

1. 细胞计数 无论是贴壁细胞还是悬浮细胞,在培养过程中都需要定期进行细胞检查和细胞计数。细胞检查可以观察细胞的形态,细胞计数可以确定细胞密度和存活率。

2. 细胞代谢 在培养过程中,需要保证葡萄糖、氨基酸等营养物质的供应充足,还需要注意副产物乳酸和氨的积累。因此在培养过程中需要根据细胞生长状况、营养物质消耗情况和代谢副产物积累情况,及时调整过程中的补料策略。

五、常见问题及注意事项

(1)实时观察细胞培养生物反应器内细胞的状态并做出及时调整。

(2)细胞悬液应充分混匀。

(3)吹打混匀细胞以及将悬液注入血细胞计数板时不要产生气泡。

(4)计数中,不要漏记,不要重复,每个细胞悬液样品至少测试 2 次,求平均值。

六、结束任务和清场

事　　项	状　　态	检查结果
BioBundle 系列 3 L 生物反应器	清洁后关闭	合格 □　　不合格 □
生物安全柜	清洁后关闭	合格 □　　不合格 □
高压蒸汽灭菌锅	清洁后关闭	合格 □　　不合格 □
离心机	清洁后关闭	合格 □　　不合格 □
倒置显微镜	清洁后关闭	合格 □　　不合格 □
微生物污染过的器材	灭菌及清洗干净	合格 □　　不合格 □
所用玻璃器皿	清洗干净	合格 □　　不合格 □

续表

事　项	状　态	检查结果
废弃物	回收放于指定位置	合格 □　　不合格 □
操作场地	按要求清洁干净	合格 □　　不合格 □

七、任务评价

评价阶段	序号	评价内容	评价标准	评价结果
操作前	1	明确任务要达到的目的	准确说出任务的目的	
	2	明确任务的原理	准确说出任务的原理	
	3	明确任务的操作步骤	准确说出任务的操作步骤	
	4	任务所需试剂和仪器的准备	正确准备所需试剂和仪器	
操作中	5	操作过程	操作规范，方法正确	
	6	仪器的使用	操作规范，方法正确	
	7	操作现象的要求	操作中出现的现象与要求一致	
	8	任务报告	任务报告规范完整，结果正确	
操作后	9	操作时间	按时完成	
	10	清场	按要求完成清场	

工作领域四

生物药物分离纯化技术

任务一　发酵液的预处理

扫码看 PPT

一、学习目标

(一)知识目标

(1)掌握盐析沉淀法、等电点沉淀法、有机溶剂沉淀法的概念和原理。

(2)熟悉发酵液预处理的目的和要求及发酵液预处理的不同方法。

(3)了解发酵液的组成成分及特性。

(二)能力目标

(1)能够根据发酵液的处理目的选择适当的前处理方法。

(2)能按规程进行盐析沉淀、等电点沉淀、有机溶剂沉淀等操作。

(三)素质目标

(1)具有良好的责任意识及团结协作的精神,具有服务国家、服务人民的社会责任感。

(2)具有认真、细致、严谨的工作作风,具有良好的职业道德、实事求是的工作态度。

(3)具有勤于思考、善于观察、善于学习的精神。

(4)培养安全意识,树立并践行社会主义核心价值观。

二、知识链接

(一)发酵液的预处理

微生物或动植物细胞是在合适的培养基、pH、温度和通气搅拌(或厌氧)等培养(发酵)条件下进行生长和合成生物活性物质的,因而在其培养(发酵)液中会包含菌(细胞)体、细胞内外代谢产物、剩余的培养基组分等。由于发酵产物在发酵液中的浓度较低，并与大量可溶的和混悬的杂质混杂在一起，而且发酵液黏度大，过滤性能差，在分离纯化目的产物时，首先都要进行发酵液的预处理。

（二）发酵液预处理一般采用的方法

发酵液预处理指采用凝聚、絮凝、加热、稀释、调节 pH、加入助滤剂等方法来加速固相、液相分离，将固相、液相分离后，才能采用各种物理、化学、生物的方法进行产物的进一步分离纯化。杂质的种类和性质不同时，需采用不同的方法除去。

（三）盐析及盐析沉淀法

在高浓度中性盐存在的情况下，蛋白质等生物大分子在水溶液中的溶解度降低并沉淀析出的现象称为盐析。用高浓度中性盐沉淀蛋白质等生物大分子的方法称为盐析沉淀法，简称盐析法。多肽、多糖和核酸等生物大分子也可以用盐析法进行分离，但盐析法应用最广的还是在蛋白质领域，一般用于生物分离纯化的初步纯化阶段。

蛋白质在水溶液中的溶解度是由蛋白质周围形成水化膜的程度，以及蛋白质分子表面所带电荷的情况决定的。向蛋白质溶液中加入中性盐，中性盐对水分子的亲和力大于蛋白质，它会抢夺本来与蛋白质分子结合的水分子，于是蛋白质分子周围的水化膜被破坏乃至消失。同时，高浓度的中性盐溶液中存在大量带电荷的盐离子，它们能中和蛋白质分子表面的电荷，使蛋白质分子间的静电排斥作用减弱甚至消失，进一步导致蛋白质溶解度降低，使蛋白质分子聚集而沉淀，盐析法原理见图 4-1。

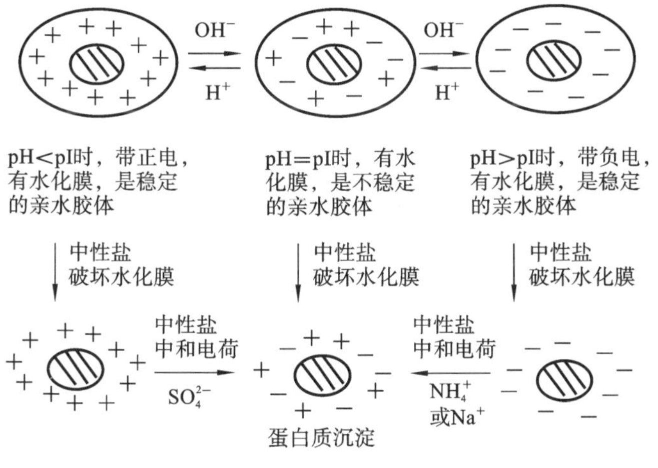

图 4-1　盐析法原理示意图

盐析法常用的无机盐主要有硫酸铵、硫酸镁、硫酸钠、磷酸二氢钠等。实际应用中以硫酸铵最为常用。影响盐析的因素主要有盐浓度、样品浓度、pH、温度等。

(四)等电点沉淀法

两性电解质在溶液 pH 处于等电点(pI)时,分子表面净电荷为零,导致赖以稳定的双电层及水化膜被削弱或破坏,分子间引力增大,溶解度降低。通过调节溶液的 pH,使两性溶质溶解度下降,从而析出沉淀的操作方法称为等电点沉淀法。影响等电点沉淀的因素主要有目的物的稳定性、盐溶作用、pH 等。

(五)有机溶剂沉淀法

利用有机溶剂能显著降低蛋白质等生物大分子在水溶液中的溶解度的原理,而使之沉淀析出的方法,称为有机溶剂沉淀法。有机溶剂沉淀法不仅适用于蛋白质的分离纯化,还常用于酶、核酸、多糖等物质的分离纯化。

有机溶剂沉淀法的原理主要有以下两点:①有机溶剂能降低水溶液的介电常数,使溶质分子(如蛋白质分子)之间的静电引力增大,从而促使它们互相聚集并沉淀出来。②有机溶剂的亲水性比溶质分子的亲水性强,它会抢夺本来与亲水溶质结合的水分子,破坏其表面的水化膜,导致溶质分子之间的相互作用增大而发生聚集,从而沉淀析出。影响有机溶剂沉淀的因素主要有温度、pH、样品浓度、中性盐浓度、金属离子(如 Ca^{2+}、Zn^{2+} 等)。

三、任务准备

(一)试剂与材料检查清单

试剂与材料	状　　态	检 查 结 果
SDS-PAGE 试剂盒	正常使用	合格 □　　不合格 □
氯化钡	正常使用	合格 □　　不合格 □
双缩脲试剂	正常使用	合格 □　　不合格 □
Sephadex G-50	正常使用	合格 □　　不合格 □
硫酸铵	正常使用	合格 □　　不合格 □
0.05 mol/L pH 7.1 的磷酸缓冲液	正常使用	合格 □　　不合格 □
无水乙醇	正常使用	合格 □　　不合格 □
牛乳	正常使用	合格 □　　不合格 □
冰醋酸	正常使用	合格 □　　不合格 □
醋酸钠	正常使用	合格 □　　不合格 □
血浆(或血清)	正常使用	合格 □　　不合格 □
氯化钠	正常使用	合格 □　　不合格 □

续表

试剂与材料	状　　态	检查结果
磷酸二氢钾	正常使用	合格 □　不合格 □
磷酸氢二钾	正常使用	合格 □　不合格 □
溴酚蓝	正常使用	合格 □　不合格 □
无菌器材：量筒、烧杯、玻璃棒、表面皿、离心管、胶头滴管	正常使用	合格 □　不合格 □
层析柱：1.2 cm×25 cm	正常使用	合格 □　不合格 □

（二）仪器设备检查清单

仪器设备	状　　态	检查结果
高速台式离心机	正常待用状态	合格 □　不合格 □
冰箱	正常待用状态	合格 □　不合格 □
水浴锅	正常待用状态	合格 □　不合格 □
天平	正常待用状态	合格 □　不合格 □

四、任务操作

（一）盐析法制备免疫球蛋白

1. 制备免疫球蛋白

（1）取血浆 20 ml，与 20 ml 0.05 mol/L pH 7.1 的磷酸缓冲液混匀，逐滴加入 10 ml 饱和硫酸铵溶液，边加边搅拌。加完后继续搅拌 3 min，随后会有极少量沉淀产生，置于冰箱过夜。取出上述溶液，3500 r/min 离心 15 min，倾出上清液。

（2）在不断搅拌下慢慢加 40 ml 饱和硫酸铵溶液于该上清液中，继续搅拌 15 min，于冰箱中放置 30 min，3500 r/min 离心 30 min。

（3）倾出上清液，沉淀加 0.05 mol/L pH 7.1 磷酸缓冲液 20 ml 搅拌溶解，离心除去不溶物（3500 r/min，10 min）。

（4）测量上清液体积后逐滴加入饱和硫酸铵溶液，使硫酸铵终浓度为 33%，加完后继续搅拌 5 min，于冰箱中放置 45 min，使沉淀完全。

（5）取出后，3500 r/min 离心 30 min，沉淀即为粗品免疫球蛋白（γ-球蛋白），用 2 ml 0.05 mol/L pH 7.1 磷酸缓冲液洗涤。

（6）将上清液倾入量筒中，测量体积，计算硫酸铵浓度达 40%时所需的饱和硫酸铵溶液量，在搅拌下缓慢滴入该上清液中，继续搅拌 3 min，于冰箱中放置 5 min，离心(3000 r/min,30 min),沉淀即粗品 β-球蛋白,用 1 ml 0.05 mol/L pH 7.1 磷酸缓冲液洗涤。

2. 脱盐

(1) 凝胶的处理:取 Sephadex G-50 干粉经蒸馏水室温充分溶胀 24 h,或置于沸水浴中 3 h,这样可大大缩短溶胀时间,而且可以杀死细菌和排出凝胶内部的气泡。溶胀过程中注意不要过分搅拌,以防颗粒破碎。凝胶颗粒大小应均匀,并使流速稳定。凝胶充分溶胀后将不易下沉的较细颗粒除去。将溶胀后的凝胶抽干,用 10 倍体积的洗脱液处理约 1 h,搅拌后继续除去悬浮的较小的细颗粒。

(2)将溶胀的 Sephadex G-50 装柱,用生理盐水过柱,平衡柱床,床面最好覆盖相同直径的圆形快速滤纸片。

(3)粗品 γ-球蛋白溶液经离心除去不溶物质后上 Sephadex G-50 柱,收集流出液,每管 1~1.5 ml,收集到 10 管后,每管取出约 0.2 ml,加入双缩脲试剂,检测球蛋白的含量,同时再取0.2 ml 流出液,用 10%氯化钡溶液检查是否存在硫酸铵,画出洗脱曲线。

3. 电泳检查(SDS-PAGE)

(1)按常规方法制备电泳凝胶,聚丙烯酰胺凝胶浓度为 7%。

(2)取球蛋白浓度最高的流出液 0.1 ml 加样进行电泳,并以 1∶5 的比例稀释血清,做对照电泳实验。

(3)电泳 1.5~2 h 后,取出凝胶,用溴酚蓝进行染色。10 min 后倾出染液,脱色至区带明显,画出电泳区带图谱。

4. 结果处理

(1)用箭头图表示盐析法制备免疫球蛋白的操作流程。

(2)由洗脱曲线计算免疫球蛋白的收率。

(二)等电点沉淀法制备酪蛋白

(1)配制 pH 4.7 的醋酸-醋酸钠缓冲液:称取醋酸钠 5.4 g,加水 50 ml 溶解,用冰醋酸调节 pH 至 4.7,再加水稀释至 100 ml。

(2)量取 20 ml 牛乳倒至烧杯中,在 40 ℃下搅拌。

(3)在搅拌下慢慢加入 20 ml 40 ℃左右的 pH 4.7 的醋酸-醋酸钠缓冲液。

(4)静置冷却至室温。

(5)将溶液转移至离心管中,4000 r/min 离心 3 min,弃去上清液。

(6)向离心管中加入 5 ml 纯化水,用玻璃棒充分搅拌,洗涤除去其中的水溶性杂质(如乳清蛋白、乳糖以及残留的缓冲液),4000 r/min 离心 3 min,弃去上清液,再用纯化水洗涤 1 次。

(7)向离心管中加入 20 ml 无水乙醇,用玻璃棒充分搅拌,洗涤除去磷脂类物质,4000 r/min 离心 3 min,弃去上清液,得酪蛋白粗品。

(8)将沉淀从离心管中移出,在表面皿上摊开,以去除乙醇,干燥后得到酪蛋白。

(9)用电子天平准确称量酪蛋白的质量。

(三)有机溶剂沉淀法制备免疫球蛋白

(1)量取血清 100 ml,搅拌降温至 0~4 ℃,用磷酸盐将血清 pH 调至 7.2。

(2)加氯化钠至其浓度为 0.14 mol/L。

(3)加无水乙醇至其浓度为 8%,加入乙醇的时间控制在 60~90 min,加完乙醇后取样测 pH,调节 pH 为 7.2,继续搅拌 1 h,然后静置 30 min。

(4)混悬液在 4 ℃下以 10000 r/min 离心 10 min,弃去上清液,收集沉淀并称量。

(5)向沉淀中边搅拌边缓慢加入 7 倍沉淀质量的 0~4 ℃的纯化水,持续搅拌直至成为均匀的蛋白浆。

(6)取样测 pH,蛋白浆中加磷酸盐调节 pH 至 6.9~7.1,继续搅拌 1 h,静置 30 min。

(7)加无水乙醇至其浓度为 25%,从加乙醇开始为反应体系降温,保持反应温度在−5 ℃。

(8)加完乙醇后取样测 pH,调节 pH 至 6.9~7.1,继续搅拌 1 h,然后静置 30 min。

(9)混悬液在 4 ℃下以 10000 r/min 离心 10 min,弃去上清液,收集沉淀并称量,沉淀即为免疫球蛋白。

五、常见问题及注意事项

以血浆蛋白质为例(蛋白质浓度为 2%):

硫酸铵浓度为 20%	纤维蛋白原析出
硫酸铵浓度为 28%~30%	α-球蛋白析出
硫酸铵浓度为 33%	γ-球蛋白析出
硫酸铵浓度为 40%	β-球蛋白析出
硫酸铵浓度>50%	白蛋白析出

免疫球蛋白又称 γ-球蛋白(γ-globular protein),其主要成分为 IgG,分子量约为 1.5×10^5,等电点为 7.0 左右。本实验利用盐析作用从血浆中制备 γ-球蛋白,并利用 SDS-PAGE 进行纯度鉴定。

六、结束任务和清场

事　项	状　态	检查结果
高速台式离心机	清洁后关闭	合格☐　不合格☐
水浴锅	清洁后关闭	合格☐　不合格☐
天平	清洁后关闭	合格☐　不合格☐
微生物污染过的器材	灭菌及清洗干净	合格☐　不合格☐
所用玻璃器皿	清洗干净	合格☐　不合格☐
废弃物	回收放于指定位置	合格☐　不合格☐
操作场地	按要求清洁干净	合格☐　不合格☐

七、任务评价

评价阶段	序号	评价内容	评价标准	评价结果
操作前	1	明确任务要达到的目的	准确说出任务的目的	
	2	明确任务的原理	准确说出任务的原理	
	3	明确任务的操作步骤	准确说出任务的操作步骤	
	4	任务所需试剂和仪器的准备	正确准备所需试剂和仪器	
操作中	5	操作过程	操作规范,方法正确	
	6	仪器的使用	操作规范,方法正确	
	7	操作现象的要求	操作中出现的现象与要求一致	
	8	任务报告	任务报告规范完整,结果正确	
操作后	9	操作时间	按时完成	
	10	清场	按要求完成清场	

任务二　固液分离

扫码看 PPT

一、学习目标

(一)知识目标

(1)掌握固液分离技术的方法和特点。

(2)熟悉离心及深层过滤技术的基本操作过程、影响因素。

(3)了解离心及深层过滤技术的常用设备。

(二)能力目标

(1)能按规程使用不同规格的离心机进行发酵液的固液分离。

(2)能按规程采用深层过滤技术进行发酵液的固液分离。

(三)素质目标

(1)具有良好的责任意识及团结协作的精神,具有服务国家、服务人民的社会责任感。

(2)具有认真、细致、严谨的工作作风,具有良好的职业道德、实事求是的工作态度。

(3)具有勤于思考、善于观察、善于学习的精神。

(4)培养安全意识,树立并践行社会主义核心价值观。

二、知识链接

(一)进行固液分离的原因

通过固液分离技术可以将发酵液中的培养液和悬浮物分离,以便在后续步骤中提炼其中的有用成分。在进行固液分离时,有些反应体系可采用沉降或过滤的方式加以分离,有些需要经过加热、凝聚、絮凝及添加助滤剂等辅助操作才能进行过滤。对于那些固体颗粒小、溶液黏度大的发酵液、细胞培养液、生物材料的大分子抽提液以及过滤难以实现固液分离的溶液,必须采用离心技术才能达到分离的目的。

通常大规模抗体药物生产的第一步就是在培养周期结束时收获培养液,即分离分泌表达的抗体和细胞碎片,常采用离心和深层过滤进行培养液的澄清处理。培养液的澄清工艺,包括使用碟片式离心机离心、两级深层过滤和 0.2 μm 除菌级过滤三个步骤。

(二)离心技术

离心法是利用惯性离心力和物质的沉降系数或浮力密度的不同而进行的一种分离、浓缩或提炼方法。这种方法对于固体颗粒很小或液体黏度很大,过滤速率很慢或难以过滤的悬浮液十分有效。针对那些不能使用助滤剂或使用无效的悬浮液的分离,也能得到满意的效果。

当含有细小颗粒的悬浮液静置不动时,由于重力场的作用,悬浮的颗粒逐渐下沉。粒子越重,下沉速率越快,反之,密度比液体小的粒子就会上浮。微粒在重力场下移动的速率与微粒的大小、形态和密度有关,并且又与重力场的强度及液体的黏度有关。物质在介质中沉降时还伴随有扩散现象。扩散是无条件的、绝对的。扩散与物质的质量成反比例,颗粒越小,扩散越严重。而沉降是相对的、有条件的,颗粒要受到外力才能运动。沉降与物质的质量成正比例,颗粒越大,沉降越快。对小于几微米的微粒,如病毒或蛋白质等,它们在溶液中呈胶体或半胶体状态,仅仅利用重力是不可能观察到沉降过程的。因为颗粒越小,沉降越慢,而扩散现象则越严重。所以需要利用离心机产生强大的离心力,迫使这些微粒克服扩散产生沉降运动。常见离心机见图 4-2。

离心分离有三种形式,分别为离心沉降、离心过滤和超离心。

图 4-2　常见离心机

(三)深层过滤技术

深层过滤是工业过程非均相分离中基本的方法之一,它主要用于去除水中的悬浮物、胶体和微生物等。深层过滤是利用过滤介质间隙进行过滤的过程。悬浮颗粒小于过滤介质的孔隙,因此颗粒可以进入较长而弯曲的孔隙而被截留。这一过程的特征是过滤作用产生于过滤介质层内部,同时每个孔隙具有从流经它的悬浮液中截留颗粒的可能性。当截留物达到一定程度时,通过反冲洗使过滤介质再生,再继续进行过滤。整个过程涉及迁移、附着和脱落三个过程。

目前抗体药物生产中,离心的目的主要是分离去除实心细胞团,这一步可以使用的替代技术是切向流过滤和深层过滤。经过初级分离,深层过滤主要用于去除从离心机逃脱的细胞碎片、胶体蛋白以及固体产物和残渣,进一步提高发酵液的澄清度。

三、任务准备

(一)试剂与材料检查清单

试剂与材料	状　态	检查结果
啤酒酵母菌种	正常使用	合格 □　　不合格 □
沙氏葡萄糖琼脂培养基	正常使用	合格 □　　不合格 □

续表

试剂与材料	状态	检查结果
沙氏葡萄糖液体培养基	正常使用	合格 ☐　不合格 ☐
试管及试管塞	正常使用	合格 ☐　不合格 ☐
锥形瓶及胶塞	正常使用	合格 ☐　不合格 ☐
量筒、烧杯、玻璃棒、移液管、离心管	正常使用	合格 ☐　不合格 ☐

(二)仪器设备的检查清单

仪器设备	状态	检查结果
高速台式离心机	正常待用状态	合格 ☐　不合格 ☐
深层过滤装置	正常待用状态	合格 ☐　不合格 ☐
培养箱	正常待用状态	合格 ☐　不合格 ☐
灭菌器	正常待用状态	合格 ☐　不合格 ☐
天平	正常待用状态	合格 ☐　不合格 ☐

四、任务操作

(一)使用离心机进行发酵液的固液分离

(1)啤酒酵母的培养。

①活化菌种:将啤酒酵母菌种转接至斜面培养基上,28～30 ℃培养 3～4 d 以获得成熟的菌种斜面。

②种子培养:用接种环取一环酵母至 8 ml 液体培养基中,28～30 ℃培养 24 h。

③扩大培养:将培养成熟的酵母全部转接至 80 ml 液体培养基的锥形瓶中,28～30 ℃下培养 15～20 h。

(2)样品量取并称量。精确量取酵母菌液 10 ml,分装到 2 个离心管中,待用(两管称量误差应在一定范围内)。

(3)选择合适的离心机转子。

(4)开机。接通主电源,按电源开关,显示屏正常显示,表示已开机。

(5)放置分离样品。

①转子应按规定的转速运转,不得超速、超重运转。

②打开离心机门盖。

③使用角转子时,将装有称量后酵母菌液的离心管对称放入角转子内。

④关好离心机门盖。

(6)控制面板操作程序。

①参数设置。转速:3000 r/min;时间:10 min。

②按启动键,运行指示灯亮,转速或离心力开始上升直至稳定在所设定的数值。

③当时间递减为 0 或按“Stop”键时,蜂鸣器报警,停止指示灯亮,转速或离心力开始下降,下降至 0 表示已停机,可打开离心机门盖取出样品离心管。

(7)观察离心管内酵母菌液分离情况。

(二)采用深层过滤方法进行发酵液的固液分离

1.深层过滤夹具组装

(1)拉开活动板或挡板。两手握住活动板或挡板的两端,将其从固定板上拉开。

(2)安装垫圈。①检查塑料接头上的垫圈,垫圈必须完整且安装到位。②从内部将 6 个塑料接头压入活动板和固定板上的 6 个安装口。如需单级过滤,则需使用盲堵型塑料接头将活动板进样口和固定板出样口堵死。

(3)安装膜包。①确定膜包的正确位置,左上方一般为进样口。从顶部将过滤器轻轻降下,放入支架内。②依次放入膜包,确保各膜包上的定位孔都定位正常;在二级深层过滤中需在两种膜包中放置二级澄清隔板。③所有膜包安装完毕后,将活动板靠着最后一个膜包向固定板方向推进,使固定板、滤器及活动板相互靠紧,并确保定位孔定位正常。

(4)安装三通管路和硅胶管。①将卡箍内圈和卡箍外圈安装到最靠近活动板的夹杆调整槽内。②拧紧固定板前段夹杆旋钮。③将连接有压力表的三通管路连接在进样口的塑料接头上。如果是二级深层过滤,那么在活动板的进样口也必须连接压力表的三通管路。④将硅胶管分别连接在所有出样口,如为二级深层过滤,需使用硅胶管将固定板出样口与活动板进样口连接。⑤固定板和活动板上方中间口为排气口,如配有排气阀,则安装,如无排气阀,则使用短硅胶管连接后用止血钳夹住,手动排气。

(5)增加液压压力。①关闭液压泵安全阀。②调节液压泵排气阀,操作运行期间,液压泵排气阀必须在“排气”位置。③打开液压阀。④使用液压泵。

2.膜包使用

(1)使用纯净水以 600LMH 的通量冲洗膜包至无气泡出现。

(2)再使用缓冲液平衡膜包,一般 1 m^2 堆面积膜包使用 20 L 缓冲液。

(3)记录使用平衡膜包时压力表数值。

(4)中试规模一般以 250LMH 的通量恒速深层过滤。

3.拆卸与清洗

(1)拆卸膜包。①缓慢打开液压阀及液压泵安全阀,释放液压缸的压力。②松开夹杆上的夹杆旋钮，从膜包组上拉出活动板，距离必须足够定位孔与膜包脱离。

（2）清洗膜包。①安装随膜包一起提供的堵头，防止在处置过程中液体从端口滴落下来。②拆除所有管路与接头，用纯净水冲洗待用。③压力表单独清洗放置。

五、常见问题及注意事项

（1）离心机如有噪声或机身振动时，应立即点击“Stop”键停止运行，待转子彻底停止转动后切断电源，排除故障。

（2）离心管必须对称放入套管中，防止机身振动。若只有一支样品管，另外一支要用等重量的水代替。

（3）启动离心机时，应盖上离心机门盖后，方可慢慢启动。

（4）分离结束后，待离心机停止转动，方可打开离心机门盖取出样品，不可用外力强制其停止运动。

（5）由于活动板比较重，需要两端用力均匀，以防活动板偏斜。

（6）如果膜包安装方向错误，固定板和活动板上的定位孔将无法与膜包相互锁定或阻止膜包置于恰当的位置，强行安装会导致膜包损坏。

六、结束任务和清场

事　项	状　态	检查结果
高速台式离心机	清洁后关闭	合格 □　不合格 □
深层过滤装置	清洁后关闭	合格 □　不合格 □
培养箱	清洁后关闭	合格 □　不合格 □
微生物污染过的器材	灭菌及清洗干净	合格 □　不合格 □
所用玻璃器皿	清洗干净	合格 □　不合格 □
废弃物	回收放于指定位置	合格 □　不合格 □
操作场地	按要求清洁干净	合格 □　不合格 □

七、任务评价

评价阶段	序号	评价内容	评价标准	评价结果
操作前	1	明确任务要达到的目的	准确说出任务的目的	
	2	明确任务的原理	准确说出任务的原理	
	3	明确任务的操作步骤	准确说出任务的操作步骤	
	4	任务所需试剂和仪器的准备	正确准备所需试剂和仪器	

续表

评价阶段	序号	评价内容	评价标准	评价结果
操作中	5	操作过程	操作规范,方法正确	
	6	仪器的使用	操作规范,方法正确	
	7	操作现象的要求	操作中出现的现象与要求一致	
	8	任务报告	任务报告规范完整,结果正确	
操作后	9	操作时间	按时完成	
	10	清场	按要求完成清场	

任务三 细胞破碎

扫码看 PPT

一、学习目标

(一)知识目标

(1)掌握细胞破碎的概念、常用方法、原理及特点。

(2)熟悉各种细胞破碎方法的基本操作过程、影响因素及应用范围。

(3)了解各种细胞破碎方法的应用实例。

(二)能力目标

(1)能够根据产品性质选择适当的细胞破碎方法。

(2)能按规程使用超声波破碎仪破碎细胞。

细胞破碎技术

(三)素质目标

(1)具有良好的责任意识及团结协作的精神,具有服务国家、服务人民的社会责任感。

(2)具有认真、细致、严谨的工作作风,具有良好的职业道德、实事求是的工作态度。

(3)具有勤于思考、善于观察、善于学习的精神。

(4)培养安全意识,树立并践行社会主义核心价值观。

二、知识链接

(一)进行细胞破碎的原因

微生物的代谢产物有的分泌到细胞或组织外,如细菌产生的碱性蛋白酶、霉菌产生的糖化酶等，称为胞外产物。还有的代谢产物存在于细胞内，如青霉素酰化酶、碱性磷酸酯酶等，称为胞内产物。对于胞外产物只需直接将发酵液预处理及过滤，获得澄清的滤液，作为进一步纯化的出发原液；对于胞内产物，则需首先收集菌体进行细胞破碎，使代谢产物转入液相中，再进行细胞碎片的分离。

（二）细胞破碎技术的概念

细胞破碎技术是指利用外力破坏细胞壁和细胞膜，使细胞内目标物释放出来的技术，见图 4-3。常见的细胞破碎方法有机械方法（高效珠磨法、高压匀浆法、超声破碎法等）和非机械方法（酶解法、冻结和融化法、干燥法、化学法等）。

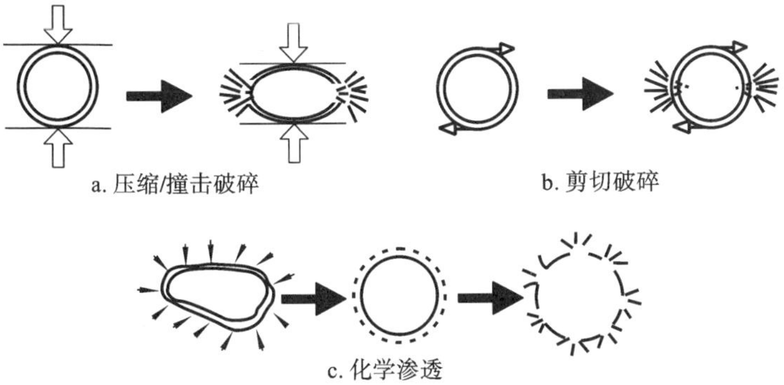

图 4-3　细胞破碎原理示意图

（三）高效珠磨法概述

高效珠磨法是通过将进入珠磨机的细胞悬浮液与极细的玻璃小珠和石英砂、氧化铝等研磨剂（直径小于 1 mm）一起快速搅拌或研磨，研磨剂、珠子与细胞之间互相剪切、碰撞，使细胞破碎，释放出内含物。在珠液分离器的协助下，珠子被滞留在破碎室内，浆液流出从而实现连续操作。破碎中产生的热量一般采用夹套冷却的方式带走。

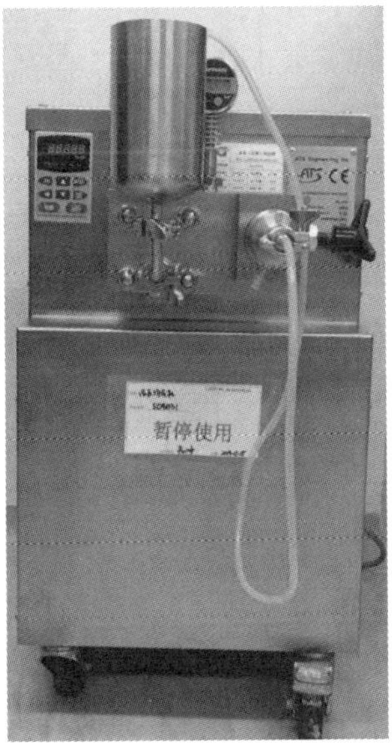

图 4-4　高压均质机

优点：细胞破碎率较高，珠磨法的细胞破碎率一般控制在 80%以下，适用于细胞悬浮液和植物细胞的大规模处理。

缺点：大分子目的产物易失活，浆液分离困难。

（四）高压匀浆法概述

高压匀浆法是大规模细胞破碎的常用方法。细胞在高压均质机（图 4-4）中经一系列高速运动，整个过程经历了剪切、碰撞及由高压到常压的变化，从而导致细胞破碎。影响破碎的主要因素是压力、温度和通过匀浆器阀的次数。

优点:细胞破碎率较高,残留量接近为零,可大规模操作。在工业规模的细胞破碎中,对于酵母等难破碎的及高浓度的细胞,常采用多次循环的操作方法。

缺点:不适合易造成堵塞的团状或丝状真菌和含有包涵体的基因工程菌(因包涵体坚硬,易损伤匀浆器阀)及较小的革兰阳性菌。一般来说,使用高压匀浆法,酵母较细菌难破碎,处于静止状态的细胞较处于快速生长状态的细胞难破碎,在复合培养基上培养的细胞较在简单合成培养基上培养的细胞难破碎。

(五)超声破碎法概述

超声波具有频率高、波长短、定向传播等特点,频率超过 20 kHz 的超声波,在较高的输入功率(100～250 W)下可破碎细胞。超声波处理细胞悬浮液时,破碎作用受许多因素影响,如超声波的声强、频率,液体的温度,压强和处理时间等,此外介质的离子强度、pH 和菌种的性质等也有很大的影响。常见超声波破碎仪见图 4-5。

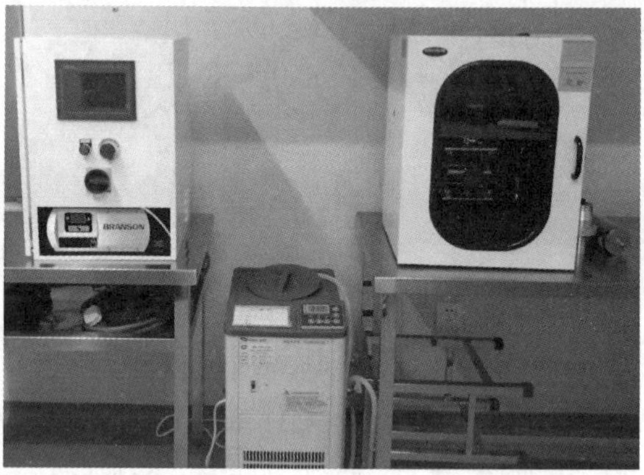

图 4-5　超声波破碎仪

优点:超声破碎法是作用很强烈的破碎方法,适用于多数微生物的破碎。不同的菌种,用超声波处理的效果也不同,一般杆菌比球菌易破碎,革兰阴性菌比革兰阳性细菌易破碎。超声破碎时,细胞浓度一般为 20%左右。该法在实验室小规模细胞破碎中常用。

缺点:对酵母效果较差,破碎过程升温剧烈,不适合大规模操作。

三、任务准备

(一)试剂与材料检查清单

试剂与材料	状　　态	检查结果
酵母菌液	正常使用	合格 □　　不合格 □

续表

试剂与材料	状　　态	检查结果
大肠埃希菌菌种	正常使用	合格 □　　不合格 □
营养肉汤培养基	正常使用	合格 □　　不合格 □
血细胞计数板、载玻片、烧杯或离心管	正常使用	合格 □　　不合格 □
冰块	正常使用	合格 □　　不合格 □

(二)仪器设备检查清单

仪器设备	状　　态	检查结果
超声波破碎仪	正常待用状态	合格 □　　不合格 □
离心机	正常待用状态	合格 □　　不合格 □
冰箱	正常待用状态	合格 □　　不合格 □
显微镜	正常待用状态	合格 □　　不合格 □

四、任务操作

(一)超声破碎法破碎酵母

(1)破碎前,取 1 ml 酵母细胞悬浮液,适当稀释后,使用血细胞计数板在显微镜下计数。

(2)接通超声波破碎仪电源。从探头套内拿出探头,用超纯水或蒸馏水清洗干净,再用吸水纸擦干。

(3)将 50 ml 酵母细胞悬浮液放入 50 ml 烧杯或离心管中,再将烧杯或离心管放入碎冰水中,进行预冷。

(4)冷却后,手持超声波变频器手柄将探头的 1/3 放入酵母细胞悬浮液中,液体浸没超声波发射针 1 cm。容器应一直放在碎冰水中冷却。

(5)开机,将频率设置为中档。超声破碎 5 s,间隔 10 s,破碎 100 次。

(6)结束运行,将探头拿出液面后,用超纯水或蒸馏水清洗探头并擦干,将洗净擦干的探头放回探头套内。

(7)破碎后细胞的计数。取 1 ml 破碎后的细胞悬浮液经适当稀释后,滴一滴在血细胞计数板上,盖上盖玻片,用显微镜进行观察,计数。

(8)细胞破碎率的计算。将破碎前后的细胞数相除,得出细胞破碎率。

(二)超声破碎法破碎大肠埃希菌

1. 大肠埃希菌的培养和收集 将活化后的大肠埃希菌接种于营养肉汤培养基中，于 37 ℃振荡培养，按照 1%～2%接种量进行转种，培养至对数生长期(约 3 h)后，取出培养液，3000 r/min 离心 10 min，收集菌体。

2. 大肠埃希菌菌悬液的制备 用细胞破碎缓冲液洗涤 3 次，再按照 1∶20 的比例将离心后的大肠埃希菌溶解于细胞破碎缓冲液中，置于 100 ml 大塑料试管或烧杯内。

3. 细胞破碎 将塑料试管或烧杯置于冰浴中，采用超声波破碎(功率 300 W，超声 5 s，间歇 10 s，破碎 20 min)。注意超声破碎细胞时，超声波破碎仪的探头一定要接近试管或烧杯底部，距离底部 0.5～1 cm。

4. 破碎效果的测定

(1)测定破碎前后大肠埃希菌菌悬液 OD600 的变化，观测破碎效果，结果填入下表中。

	OD600	破碎效果评价
破碎前		
破碎后		

(2)采用革兰染色的方法鉴定大肠埃希菌超声破碎的程度，评价破碎效果。

五、常见问题及注意事项

(1)切忌空载(一定要将超声探头插入样品后才能开机)。

(2)超声探头(变幅杆)入水深度 1.5 cm 左右。液面高度最好在 30 mm 以上，探头要居中，不要贴壁。超声波是垂直纵波，插入太深不容易形成对流，影响破碎效率。

(3)超声参数设置。设置好仪器工作参数(具体设置见说明书)。对于对温度要求比较敏感的样品(如细菌)，一般采用冰浴，实际温度低于 25 ℃时，蛋白质、核酸不会变性。

(4)关于超声参数的几点建议。

①时间:超声时间每次最好不要超过 5 s。间隔时间应大于或等于超声时间，以便热量散发。时间设定应以超声时间短、超声次数多为原则。这样可延长超声机和探头的寿命。

②超声功率:不宜太大，以免样品飞溅或起泡沫。如样品容量小于 10 ml，功率应在 200 W 以内，选用 2 mm 超声探头，另将面板后面的变幅杆选择开关调到相应

挡；样品容量为 10～200 ml，功率为 200～400 W，选用 6 mm 超声探头，另将面板后面的变幅杆调到相应挡；200 ml 以上的样品容量，功率为 300～600 W，选用 10 mm 超声探头，另将面板后面的变幅杆调到相应挡（2 mm 的小探头功率严禁超过 350 W）。

③容器选择以样品容量为准，这样也有利于样品在超声波中对流，提高破碎效率。如 20 ml 的处理量最好用 20 ml 的烧杯。如 20 ml 大肠埃希菌样品参数设置：超声 5 s，间歇 10 s（总时间为 20 min），功率 300 W（仅供参考）。

六、结束任务和清场

事　项	状　态	检查结果
超声波破碎仪	清洁后关闭	合格 □　不合格 □
显微镜	清洁后关闭	合格 □　不合格 □
微生物污染过的器材	灭菌及清洗干净	合格 □　不合格 □
所用玻璃器皿	清洗干净	合格 □　不合格 □
废弃物	回收放于指定位置	合格 □　不合格 □
操作场地	按要求清洁干净	合格 □　不合格 □

七、任务评价

评价阶段	序号	评价内容	评价标准	评价结果
操作前	1	明确任务要达到的目的	准确说出任务的目的	
	2	明确任务的原理	准确说出任务的原理	
	3	明确任务的操作步骤	准确说出任务的操作步骤	
	4	任务所需试剂和仪器的准备	正确准备所需试剂和仪器	
操作中	5	操作过程	操作规范，方法正确	
	6	仪器的使用	操作规范，方法正确	
	7	操作现象的要求	操作中出现的现象与要求一致	
	8	任务报告	任务报告规范完整，结果正确	
操作后	9	操作时间	按时完成	
	10	清场	按要求完成清场	

任务四　料液层析

扫码看 PPT

一、学习目标

(一)知识目标

(1)掌握层析法的概念、分类及凝胶层析法的原理及特点。

(2)熟悉凝胶层析法的基本操作过程、影响因素及应用范围。

(3)了解各种层析法的应用实例。

(二)能力目标

(1)能够根据产品性质选择适当的层析法。

(2)能按规程进行层析系统清洗、层析填料预处理和装柱、柱效测定、层析、层析柱清洁和保存操作。

(三)素质目标

(1)具有良好的责任意识及团结协作的精神,具有服务国家、服务人民的社会责任感。

(2)具有认真、细致、严谨的工作作风,具有良好的职业道德、实事求是的工作态度。

(3)具有勤于思考、善于观察、善于学习的精神。

(4)培养安全意识,树立并践行社会主义核心价值观。

二、知识链接

(一)层析法概述

层析法又称色谱法、色层法或层离法,是一种应用很广的分离分析方法。层析法利用混合物中各组分的理化性质(溶解度、分子极性、分子大小、分子形状、吸附能力、分子亲和力等)间的差异,使各组分在支持物上集中分布在不同区域,借此将各组分分离。层析时有两个相,一个相称为固定相,另一个相称为流动相。由于各组分所受固定相的阻力和流动相的推力影响不同,各组分移动速率也各异,从而使各组分得到分离。

层析法的效果与待分离混合物中各组分的理化性质,如分子大小、溶解度、选择性吸附剂或载体物的吸附能力、分配系数、酸碱环境(pH)、温度、极性以及分子亲和力等有直接关系。除此之外，层析法均具有两相条件（即流动相和固定相），流动相推动待分离混合物中各组分通过固定相向前迁移，其移动速率与两相物质和待分离混合物的状态有关。由于待分离混合物中各组分的理化性质不同，通过吸附-解吸，或离子交换、分子筛效应、静电引力、免疫特异性吸附等，可使各组间生物分子分离、迁移距离不等，最终达到使被测物分离、纯化的目的。层析法不但能分离有机物，还能分离无机物，更主要的是适合分离分析生物高分子化合物（图 4-6），其分离范围广，适用性强，灵敏度高，既可用于纯化又可用于制备。

图 4-6 常用蛋白质层析设备

按机制不同，层析法可分为以下 5 类，参见下表。

名　称	分离原理
凝胶层析法	固定相是多孔凝胶，各组分的分子大小不同，因而在凝胶上受阻滞的程度不同
离子交换层析法	固定相是离子交换剂，各组分与离子交换剂亲和力不同
亲和层析法	固定相只能与一种待分离组分专一结合，以此与无亲和力的其他组分分离
吸附层析法	固定相是固体吸附剂，各组分在吸附剂表面吸附能力不同
分配层析法	各组分在流动相和静止液相（固相）中的分配系数不同

（二）凝胶层析法概述

凝胶层析法是按照被分离物质分子的大小，经过具有一定孔径的多孔物质进行分离的一种方法。其又称为凝胶过滤法或分子筛过滤法或排阻层析法。主要机制是分子筛效应，当被分离物质流经凝胶柱时，因各组分的分子大小不同，在凝胶中受到的阻滞作用有差异，从而造成各组分在凝胶柱中的迁移速率不同而得到分离。

当带有不同组分的样品缓慢流经凝胶层析柱时，分子量大的物质，分子体积也大，不易进入凝胶微孔，而是从凝胶间隙流过，下移速率较快；而分子量较小的物质能够扩散进入凝胶微孔，下移过程中进入凝胶相中，下移速率较慢，从而使样品的不同组分得以分离，如图 4-7 所示。凝胶层析法主要应用于脱盐、样品浓缩及分子量测定等方面。

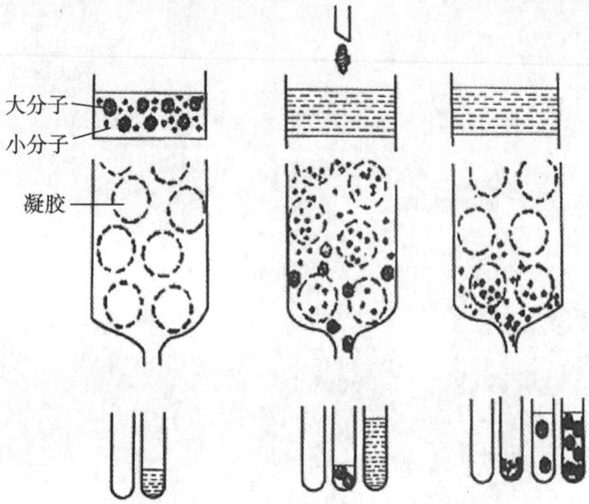

图 4-7　凝胶层析法原理示意图

优点：凝胶是一种不带电荷的惰性载体，其结构稳定，所以凝胶本身不与样品发生化学反应。凝胶层析法的操作条件较温和，不易引起生物物质的变性，即使用来分离理化性质不稳定的物质，也很少被破坏样品；样品收率高，重复性好。如果按比例扩大柱的体积和高度，可进行大量样品的分离纯化，非常适合纯化对 pH 变化、金属离子或辅助因子浓度以及大环境情况敏感的生物分子，纯化的蛋白质可以在选定的缓冲液中进行收集。

缺点：要求样品和洗脱液的黏度很低；凝胶颗粒有时有非特异吸附现象。

三、任务准备

(一)试剂与材料检查清单

试剂与材料	状　态	检查结果
待分离样品(胰岛素和牛血清蛋白混合样品)	正常使用	合格 □　　不合格 □

续表

试剂与材料	状　态	检查结果
葡聚糖凝胶 Sephadex G-75	正常使用	合格 □　不合格 □
蓝色葡聚糖 2000	正常使用	合格 □　不合格 □
0.1 mol/L pH 6.8 磷酸缓冲液	正常使用	合格 □　不合格 □
乙醇	正常使用	合格 □　不合格 □
层析柱(1 cm×90 cm)	正常使用	合格 □　不合格 □
试管、烧杯、量筒、玻璃棒	正常使用	合格 □　不合格 □

(二)仪器设备检查清单

仪器设备	状　态	检查结果
恒流泵	正常待用状态	合格 □　不合格 □
紫外检测仪	正常待用状态	合格 □　不合格 □
部分收集器	正常待用状态	合格 □　不合格 □
记录仪	正常待用状态	合格 □　不合格 □

四、任务操作

1. 凝胶的处理　Sephadex G-75 干粉经蒸馏水室温充分溶胀 24 h,或沸水浴中 3 h,可大大缩短溶胀时间,而且可以杀死细菌和排出凝胶内部的气泡。溶胀过程中注意不要过分搅拌,以防颗粒破碎。凝胶颗粒大小要求均匀,使流速稳定。凝胶充分溶胀后用倾滗法将不易下沉的较细颗粒除去。将溶胀后的凝胶抽干,用 10 倍体积的洗脱液处理约 1 h,搅拌后继续用倾滗液除去悬浮的较小的细颗粒。

2. 装柱　将层析柱垂直装好,关闭出样口,加入洗脱液至约 1 cm 高。将处理好的凝胶用等体积洗脱液搅成浆状,自柱顶部沿管内壁缓缓加入柱中,待底部凝胶沉积约 1 cm 高时,再打开出样口,继续加入凝胶浆,至凝胶沉积至一定高度(约 70 cm)即可。装柱要求连续,均匀,无气泡,无"纹路"。

3. 平衡　将洗脱液与恒流泵连接,恒流泵出样口与层析柱入口连接,用 2～3 倍床体积的洗脱液平衡,流速为 0.5 ml/min。平衡好后在凝胶表面放一张滤纸,以防加样时凝胶被冲起。柱装好和平衡后可用蓝色葡聚糖 2000 检查层析行为,在层析柱内加 1 ml(2 mg/ml)蓝色葡聚糖 2000,然后用洗脱液进行洗脱(流速 0.5 ml/min),若色带狭窄并均匀下降,说明装柱良好,再用 2 倍床体积的洗脱液平衡。

4. 加样与洗脱 将柱中多余的液体放出，使液面刚好盖过凝胶，关闭出样口，将1 ml样品沿层析柱管壁小心加入，加完后打开底端出样口，使液面降至与凝胶面相平时关闭出样口，用少量洗脱液洗柱内壁2次，加洗脱液至高出液面4 cm左右，安装恒流泵，调好流速(0.5 ml/min)，开始洗脱。分析用量一般为柱床体积的1%～2%，制备用量一般为柱床体积的20%～30%。

5. 收集与测定 用部分收集器收集洗脱液，每管4 ml。用紫外检测仪在波长280 nm处检测，用记录仪或将检测信号输入色谱工作站系统，绘制洗脱曲线。

6. 凝胶柱的处理 一般凝胶用过后，反复用蒸馏水通过柱(2～3倍体积)即可，若凝胶有颜色或比较脏，需用0.5 mol/L NaCl溶液洗涤，再用蒸馏水洗。将凝胶柱保存在20%乙醇溶液中。

五、常见问题及注意事项

(1)装柱时要注意凝胶的流速不宜过快，同时要保证凝胶能充分沉淀且分布均匀。

(2)凝胶溶胀所用的溶液应与洗脱用的溶液相同，否则由于更换溶剂，凝胶体积会发生变化而影响分离效果。

(3)样品的浓度和加样量是影响分离效果的重要因素。样品浓度应适当，但大分子物质的浓度大时，溶液的黏度也随之变大，会影响分离效果，要兼顾浓度与黏度两方面。加样量和加样体积越少，分离效果越好，分析用量一般为柱床体积的1%～2%，制备用量一般为柱床体积的20%～30%。

(4)凝胶用完后可加入防腐剂低温保存。

六、结束任务和清场

事　　项	状　　态	检查结果
恒流泵	清洁后关闭	合格 □　　不合格 □
紫外检测仪及记录仪	清洁后关闭	合格 □　　不合格 □
部分收集器	清洁后关闭	合格 □　　不合格 □
微生物污染过的器材	灭菌及清洗干净	合格 □　　不合格 □
所用玻璃器皿	清洗干净	合格 □　　不合格 □
废弃物	回收放于指定位置	合格 □　　不合格 □
操作场地	按要求清洁干净	合格 □　　不合格 □

七、任务评价

评价阶段	序号	评 价 内 容	评 价 标 准	评价结果
操作前	1	明确任务要达到的目的	准确说出任务的目的	
	2	明确任务的原理	准确说出任务的原理	
	3	明确任务的操作步骤	准确说出任务的操作步骤	
	4	任务所需试剂和仪器的准备	正确准备所需试剂和仪器	
操作中	5	操作过程	操作规范,方法正确	
	6	仪器的使用	操作规范,方法正确	
	7	操作现象的要求	操作中出现的现象与要求一致	
	8	任务报告	任务报告规范完整,结果正确	
操作后	9	操作时间	按时完成	
	10	清场	按要求完成清场	

任务五　病毒祛除

扫码看 PPT

一、学习目标

(一)知识目标

(1)掌握低 pH 孵放法和膜过滤法祛除病毒的概念、原理及操作方法。

(2)熟悉其他病毒祛除或灭活方法的概念、原理。

(3)了解其他病毒祛除或灭活方法的操作方法。

(二)能力目标

(1)能按规程使用低 pH 孵放法祛除样品病毒。

(2)能按规程使用膜过滤法祛除样品病毒。

(三)素质目标

(1)具有良好的责任意识及团结协作的精神,具有服务国家、服务人民的社会责任感。

(2)具有认真、细致、严谨的工作作风,具有良好的职业道德、实事求是的工作态度。

(3)具有勤于思考、善于观察、善于学习的精神。

(4)培养安全意识,树立并践行社会主义核心价值观。

二、知识链接

(一)进行病毒祛除操作的必要性

来源于细胞系的生物技术产品的一个共同特点是存在病毒污染的危险,这种污染在临床上可产生严重的后果。污染可来自原细胞系(细胞基质),也可来自生产过程中偶然带入的外源病毒。因此,为了提高生物技术产品临床使用的安全性,其生产工艺要具有一定的祛除或灭活病毒的能力,生产过程中应有特定的祛除或灭活病毒的方法。

(二)常用病毒祛除或灭活方法

生物制药过程中,病毒祛除或灭活需要根据病毒种类的不同、生物制品种类的不同选择相应的祛除或灭活方法。

1. 低 pH 孵放法 低 pH 孵放法是通过低 pH 环境,在一定温度下,经过一定时间将指示病毒灭活的方法。目前常用的 pH 范围为 3.0～4.0,有的甚至低至 2.0,但 pH 2.0 时对药用蛋白质自身的结构和功能都会有影响。低 pH 孵放法不仅能够灭活包膜病毒,对于无包膜病毒也能够起到有效的灭活作用。

2. 物理去除法 所谓物理去除法就是通过膜过滤、吸附等方法将病毒过滤到某一容器中以减少病毒数量的方法。物理去除法对病毒自身的理化性质没有影响。目前常用的物理去除法主要有纳米膜过滤法、超滤法、树脂吸附法、层析法等。纳米膜过滤法是使用孔径为 15～45 nm 的纳米膜对制品溶液进行过滤,利用筛分原理,在过滤过程中,大于纳米膜孔径的病毒或其他病原体被截留在纳米膜上,尺寸较小的蛋白质产品则能通纳米膜继续存留在溶液中。纳米膜过滤法已经发展成为一种广为接受的稳定可靠的病毒祛除方法。常用小规模过滤器(针头过滤器)见图 4-8。

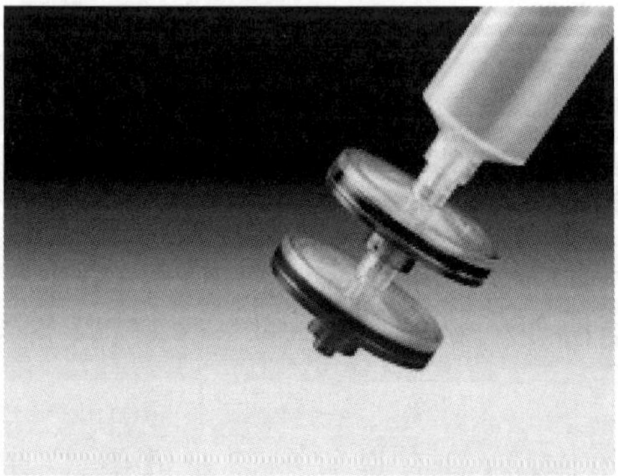

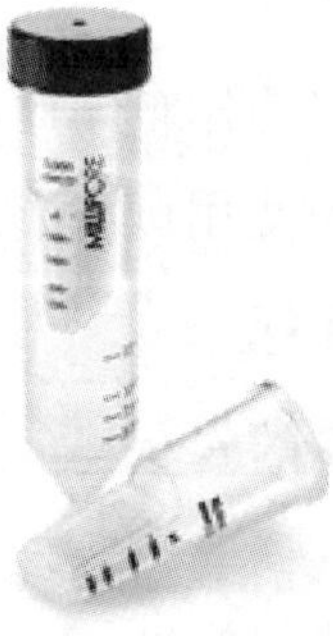

图 4-8 针头过滤器

3. 巴氏消毒法 巴氏消毒法又称作低温消毒法，如将待灭活样品在 60 ℃下加热 10 h。该方法主要针对液态制品进行灭活，主要通过相对低温以及长时间的作用，破坏病毒衣壳蛋白及包膜蛋白，进而使病毒失去感染力。

4. 干热法 干热法指将待灭活制品置于 80 ℃、72 h 或 100 ℃、30 min 条件下灭活，用于冻干制品的灭活，目前主要用于灭活人类肝炎病毒，包括甲型、乙型、丙型肝炎病毒。

5. 有机溶剂或去污剂处理法 有机溶剂或去污剂灭活病毒的原理：将有机溶剂如磷酸三丁酯，或活性剂如 Trition、吐温等按一定比例与待灭活样本和指示病毒混匀后，常温下孵育一定时间，有机溶剂或表面活性剂使病毒包膜蛋白和衣壳蛋白损伤，进而使病毒裂解，失去感染力。该方法只适用于包膜病毒，对非包膜病毒无效。使用本法时，灭活最后需要将有机溶剂或去污剂去除。

6. 光化学法 光化学法主要是通过光敏物质与病毒等微生物的结合，在一定光波范围内，阻断微生物的生物合成，进而起到灭活微生物的作用。常用的光波有紫外线、γ 射线。紫外线多配合光敏物质进行病毒灭活，常用的光敏物质有亚甲蓝、核黄素、补骨脂素、噻唑橙等。γ 射线主要采用^{60}Co 照射进行病毒灭活，但采用 γ 射线照射生物制品在一定程度上存在安全隐患，因此，不作为首选方法。

三、任务准备

（一）试剂与材料检查清单

试剂与材料	状　　态	检查结果
样品溶液	正常使用	合格 □　　不合格 □
20 nm 滤器	正常使用	合格 □　　不合格 □
0.1 μm 滤器	正常使用	合格 □　　不合格 □
醋酸钠	正常使用	合格 □　　不合格 □
醋酸	正常使用	合格 □　　不合格 □
试管、烧杯、量筒、玻璃棒	正常使用	合格 □　　不合格 □

（二）仪器设备检查清单

仪器设备	状　　态	检查结果
pH 计	正常待用状态	合格 □　　不合格 □
膜（滤器）完整性测试仪	正常待用状态	合格 □　　不合格 □

四、任务操作

(一)低 pH 孵放法对样品进行病毒祛除

(1)配制高浓度的醋酸溶液、醋酸钠溶液。

(2)用高浓度的醋酸溶液将样品溶液 pH 调至 3.00(本实验以 pH 3 灭活为例)。

(3)设置孵放温度及孵育时间(参照工艺验证时的温度及时间)。

(4)灭活结束后,用醋酸钠溶液缓慢将样品溶液调至原来的 pH。

(二)膜过滤法对样品进行病毒去除

(1)配制缓冲液。

(2)将 0.1 μm 滤器与 20 nm 滤器串联。

(3)用缓冲液冲洗滤器,使其完全润湿。

(4)进行滤器的完整性测试。

(5)过滤样品溶液。

(6)待病毒祛除操作完成后进行滤器的完整性测试。

五、常见问题及注意事项

(1)调节 pH 时应缓慢加入醋酸溶液,防止局部 pH 过低。

(2)0.1 μm 滤器可以去除溶液中的小分子颗粒,从而防止直接过滤时堵塞 20 nm滤器。

(3)过滤时注意观察压力变化,随着过滤的进行,应适度降低流速,以防压力超过工艺验证时的压力上限,影响病毒祛除效果。

六、结束任务和清场

事　　项	状　　态	检查结果
pH 计	清洁后关闭	合格 □　　不合格 □
膜(滤器)完整性测试仪	清洁后关闭	合格 □　　不合格 □
微生物污染过的器材	灭菌及清洗干净	合格 □　　不合格 □
所用玻璃器皿	清洗干净	合格 □　　不合格 □
废弃物	回收放于指定位置	合格 □　　不合格 □
操作场地	按要求清洁干净	合格 □　　不合格 □

七、任务评价

评价阶段	序号	评价内容	评价标准	评价结果
操作前	1	明确任务要达到的目的	准确说出任务的目的	
	2	明确任务的原理	准确说出任务的原理	
	3	明确任务的操作步骤	准确说出任务的操作步骤	
	4	任务所需试剂和仪器的准备	正确准备所需试剂和仪器	
操作中	5	操作过程	操作规范,方法正确	
	6	仪器的使用	操作规范,方法正确	
	7	操作现象的要求	操作中出现的现象与要求一致	
	8	任务报告	任务报告规范完整,结果正确	
操作后	9	操作时间	按时完成	
	10	清场	按要求完成清场	

任务六　中间品超滤

扫码看 PPT

一、学习目标

(一)知识目标

(1)掌握超滤的概念、基本原理、特点。

(2)熟悉超滤系统的安装、操作、清洗和保存操作。

(3)了解各类膜分离技术的常用设备及发展趋势。

(二)能力目标

(1)能根据产品性质选择合适的膜分离方法。

(2)能按规程进行超滤系统的安装、超滤膜的完整性测试、超滤操作、超滤系统的清洗、超滤膜的保存操作。

(三)素质目标

(1)具有良好的责任意识及团结协作的精神,具有服务国家、服务人民的社会责任感。

(2)具有认真、细致、严谨的工作作风，具有良好的职业道德、实事求是的工作态度。

(3)具有勤于思考、善于观察、善于学习的精神。

(4)培养安全意识，树立并践行社会主义核心价值观。

二、知识链接

(一)膜分离技术概述

膜是具有选择性分离功能的材料。利用膜的选择性分离功能，在推动力(浓度差、压力差、电位差等)作用下实现料液中不同组分的分离、纯化、浓缩的操作过程称为膜分离技术。通常称进料流侧为膜上游，透过液流侧为膜下游。

(二)膜分离的特点

(1)在常温下进行，药物有效成分损失极少，特别适用于热敏性物质，如抗生素、蛋白质的分离与浓缩。

(2)无相态变化，能耗极低，其生产成本为蒸发浓缩或冷冻浓缩的 1/8～1/3。

(3)无化学变化，是典型的物理分离过程，不用化学试剂和添加剂，产品不受污染。

(4)选择性好，对溶液具有选择透过性，只能使某些溶剂或溶质透过，而不能使另一些溶剂或溶质透过。

(5)通用性强，处理规模可大可小，可以连续操作也可间歇操作，工艺简单，操作方便，易于自动化。

(三)膜分离的类型

根据分离推动力、分离原理、应用范围的不同，膜分离的类型也不同。膜分离的类型见下表和图 4-9。

膜分离过程	推动力	传递机理	透过物	截留物	膜类型
微滤	压力差	颗粒大小、形状	水、溶剂溶解物	悬浮物颗粒	纤维多孔膜
超滤	压力差	分子特性、大小、形状	水、溶剂小分子	胶体和超过截留分子量的分子	非对称性膜
纳滤	压力差	离子大小及电荷	水、一价离子、多价离子	有机物	复合膜
反渗透	压力差	溶剂的扩散传递	水、溶剂	溶质、盐	非对称性膜、复合膜
渗析	浓度差	溶质的扩散传递	低分子量物、离子	溶剂	非对称性膜
电渗析	电位差	电解质离子的选择传递	电解质离子	非电解质，大分子物质	离子交换膜

续表

膜分离过程	推动力	传递机理	透过物	截留物	膜类型
气体分离	压力差	气体和蒸气的扩散渗透	气体或蒸气	难渗透性气体或蒸气	均相膜、复合膜，非对称性膜
渗透蒸发	压力差	选择传递	易渗溶质或溶剂	难渗透性溶质或溶剂	均相膜、复合膜，非对称性膜
液膜分离	浓度差	反应促进和扩散传递	杂质	溶剂	乳状液膜、支撑液膜

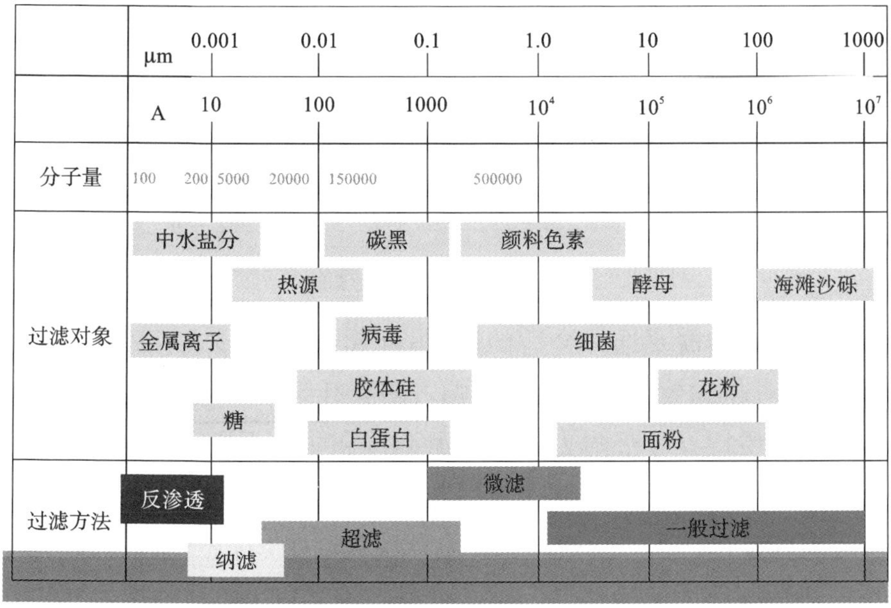

图 4-9 过滤谱图

(四)超滤

超滤是在一定温度下，利用膜两侧的压力差，使溶剂与小分子物质通过而截留溶液中的大分子物质的分离过程。一般运用液压迫使溶液透过膜并按溶质分子大小、形状等差异，把大分子溶质截留在膜的一侧，形成浓缩液，而小分子的溶质则随溶剂透到膜的另一侧，成为透过液流出，见图 4-10。如果反复将浓缩液用特定溶剂稀释再超滤，就可使料液中小分子溶质进一步随透过液流出，而大分子溶质逐步得到纯化浓缩。它能截留 0.002～0.1 μm 的大分子物质和蛋白质，允许小分子物质和溶解性固体(无机盐)等通过，同时将截留下胶体、微生物。超滤膜的运行压力一般为 1～7 bar。

超滤步骤是生物制药工艺中的关键操作之一。开发高效的超滤操作需要细致平衡各种工艺条件，以通过最小的过滤膜面积达到最高的过滤液流量，并且对蛋白质完整性的影响最小。

优点:操作简便,成本低廉,不需要使用任何化学试剂,尤其是超滤技术的实验条件温和,能较好地保持生物大分子的活性,收率高。

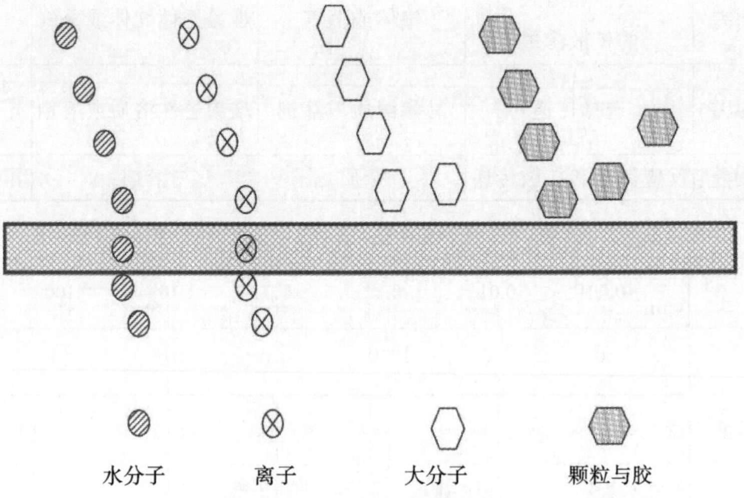

图 4-10　超滤原理示意图

缺点:要根据工作需要选择合适的膜,另外超滤装置形式、溶质成分及性质、溶液的浓度等都会对超滤效果有一定的影响。醋酸纤维素膜包易在强酸和碱中水解,不耐高温,但蛋白质特异性吸附力弱。聚醚砜膜包能耐受 1 mol/L NaOH 溶液,能够湿热灭菌,但蛋白质特异性吸附力强。纤维素衍生膜,如 Hydrosart 膜包能够在 pH 2~14 范围内发挥作用,不仅蛋白质特异性吸附力弱,还可以在线蒸汽灭菌,也可以用 50 ℃热碱溶液回流除热原。

三、任务准备

(一)试剂与材料检查清单

试剂与材料	状　态	检查结果
氯化钠-蛋白质溶液	正常使用	合格 □　不合格 □
硝酸银	正常使用	合格 □　不合格 □
氯化钠	正常使用	合格 □　不合格 □
氢氧化钠	正常使用	合格 □　不合格 □
试管、烧杯、量筒、玻璃棒	正常使用	合格 □　不合格 □

(二)仪器设备检查清单

仪器设备	状　态	检查结果
超滤夹具(含压力表、软管、扭力扳手等)	正常待用状态	合格 □　不合格 □

续表

仪器设备	状态	检查结果
膜包	正常待用状态	合格 □　　不合格 □
蠕动泵	正常待用状态	合格 □　　不合格 □
膜完整性测试仪	正常待用状态	合格 □　　不合格 □

四、任务操作

(一)超滤系统的安装

(1)根据待浓缩蛋白质样品的性质,选取合适的膜包。

(2)超滤夹具组装。

①U形金属管与超滤仪器右侧的透过液口之间以橡胶垫片连接,确定管路对齐后使用卡箍固定。

②将含有压力表的两通管路分别连接在回流口和进样口,2个压力表面对同一方向,确定橡胶垫片放置及接口对齐后使用卡箍固定。

③将2个阀门分别安装在回流口和透过液口。

④将3根软管分别连接到回流口、进样口和透过液口,软管另一端接入相应器皿中。

⑤确定进样口软管规格,接入相对应的蠕动泵或隔膜泵。

⑥使用扭力扳手将导轨上螺母旋下。

(3)膜包安装。

①放置膜包。用手抓住膜包的两侧,将膜包从保护液中取出,顺着导轨贴紧(确认膜包上半圆缺口与上下导轨吻合)。

②夹紧膜包(将另一个夹具穿过导轨夹紧膜包,将上方导轨卡入卡口)。

(二)超滤膜完整性测试

(1)连接膜完整性测试仪的电源和压力源。

(2)冲洗超滤系统。

①将进样管路接入纯化水,打开蠕动泵,调节阀门,将系统调节到下面的状态:

进样口压力=29 psi/2.0 bar/200 kPa

回流口压力=7.3 psi/0.5 bar/50 kPa

②冲洗5 min后,将回流端也放入纯化水中,循环25 min后待用。

(3)超滤膜完整性测试。

①出样口连接参比罐(推荐使用500 ml左右压力罐)。

②关上回流液口(V2),打开透过液口(V3,V4)。

③根据 Sartocheck 的操作手册的数据和膜包的参数，在膜完整性测试仪中设置合适的参数。

④以下参数可供参考。系统稳定时间：4 min；测试时间：2 min。

⑤输入允许的最大扩散值(参见操作手册)。

⑥开始超滤膜完整性测试。

(三)超滤

(1)配制硝酸银溶液。

(2)将进样管路接入样品溶液，用蠕动泵进样。

(3)在大分子料液出样口处检查是否有氯离子存在。

(4)将脱盐浓缩后的样品置于冰箱冻存。

(四)超滤系统清洗与保存

(1)配制 1 mol/L NaCl 溶液和 0.1 mol/L NaOH 溶液，至少配制 1 L。

(2)高盐溶液(1 mol/L NaCl 溶液)清洗。

①先打开透过液阀，将回流管路放入废液回收器皿中，进样管路连接高盐溶液，打开蠕动泵，清洗残留的蛋白质 5 min。

②将回流管路接入高盐溶液中循环清洗 30 min。

③用纯化水冲洗膜包。

(3)清洗液(0.1 mol/L NaOH 溶液)清洗。同样先打开透过液阀，将回流管路放入废液回收器皿中，先清洗 5 min，再循环清洗 30 min。

(4)纯化水冲洗膜包至中性。

(5)进行超滤膜完整性测试。

(6)用扭力扳手上下交替旋开导轨螺母，将膜包取出。

(7)将膜包保存在一个密闭的容器或者袋子中，确保保护液能淹没膜包。

五、常见问题及注意事项

(1)安装膜包时，确认膜包上半圆缺口与上下导轨吻合。

(2)注意膜包保存时不能被冰冻。

六、结束任务和清场

事项	状态	检查结果
超滤夹具(含压力表、软管、扭力扳手等)	清洁后关闭	合格 □　　不合格 □
膜包	清洁后保存	合格 □　　不合格 □

续表

事　　项	状　　态	检查结果
蠕动泵	清洁后关闭	合格 □　　不合格 □
膜完整性测试仪	清洁后关闭	合格 □　　不合格 □
微生物污染过的器材	灭菌及清洗干净	合格 □　　不合格 □
所用玻璃器皿	清洗干净	合格 □　　不合格 □
废弃物	回收放于指定位置	合格 □　　不合格 □
操作场地	按要求清洁干净	合格 □　　不合格 □

七、任务评价

评价阶段	序号	评价内容	评价标准	评价结果
操作前	1	明确任务要达到的目的	准确说出任务的目的	
	2	明确任务的原理	准确说出任务的原理	
	3	明确任务的操作步骤	准确说出任务的操作步骤	
	4	任务所需试剂和仪器的准备	正确准备所需试剂和仪器	
操作中	5	操作过程	操作规范，方法正确	
	6	仪器的使用	操作规范，方法正确	
	7	操作现象的要求	操作中出现的现象与要求一致	
	8	任务报告	任务报告规范完整，结果正确	
操作后	9	操作时间	按时完成	
	10	清场	按要求完成清场	

工作领域五

生物制品生产技术

任务一　免疫佐剂的制备

扫码看 PPT

一、学习目标

(一)知识目标

(1)了解免疫佐剂的基本概念、特点和作用。

(2)熟悉免疫佐剂的基本组成和常用类型。

(3)掌握免疫佐剂的制备方法。

(二)能力目标

(1)能够说出常用免疫佐剂的类型、特点。

(2)能够正确制备免疫佐剂。

(三)素质目标

(1)具有良好的责任意识及团结协作的精神。

(2)具有认真、细致、严谨的工作作风。

(3)具有勤于思考、善于观察、善于学习的精神。

二、知识链接

(一)免疫佐剂的概念

免疫佐剂简称佐剂,即非特异性免疫增生剂,指同抗原一起或预先注入机体内能增强机体对抗原的免疫应答能力或改变免疫应答类型的辅助物质。佐剂增强免疫应答的机制可能如下:①改变抗原物理性状,延长抗原在机体内的存在时间和保持其对免疫系统的持续激活作用,佐剂中的矿物油成分主要起缓释作用,有利于抗原在体内缓慢释放,延缓抗原在体内的降解,从而更有效地刺激免疫系统。②使抗原易被巨噬细胞吞噬，刺激单核巨噬细胞系统，增强其对抗原的处理和呈递抗原的能力。③促进淋巴细胞增殖、分化，从而扩大和增强机体的免疫应答效应。

（二）佐剂的分类

1. 生物佐剂 生物佐剂是细菌或其产物，其本身具有免疫原性，如分枝杆菌（结核分枝杆菌、卡介苗）、短小棒状杆菌、百日咳杆菌、革兰阴性杆菌内毒素等。此外发现粒细胞-巨噬细胞集落刺激因子、白细胞介素-1、白细胞介素-2、干扰素-γ等也具有佐剂活性。

2. 无机佐剂 如氢氧化铝、明矾、磷酸铝等。

3. 人工合成佐剂 如双链多聚肌苷酸、胞苷酸、双链多聚腺苷酸等。

4. 油佐剂 如花生油乳化佐剂、矿物油、植物油、羊毛脂等。

5. 弗氏佐剂 弗氏佐剂又分弗氏不完全佐剂和弗氏完全佐剂，是目前动物实验中最常见的佐剂，但其易在注射局部形成肉芽肿和持久性溃疡，因此不适合人体使用。近年来，人工合成胞壁酰二肽作为卡介苗细胞壁中的一种成分，用于提高疫苗的接种效果，是对人体无副作用的有效佐剂。

（三）油佐剂的特点

油佐剂由矿物油和乳化剂组成。矿物油应不含多环芳烃化合物、黏度低、无色、无味和无毒性。硬脂酸铝、去水山梨醇单油酸酯（司盘-80）、聚氧乙烯去水山梨醇单油酸酯（吐温-80）和羊毛脂为阴离子类乳化剂，具有一定的亲水性和亲油性基团。乳化剂的亲水亲油平衡值（HLB值）与其在水中的溶解度相关。亲油性强的乳化剂在水中溶解度小，HLB值低，易形成油包水型油乳剂。亲水性强的乳化剂在水中溶解度大，HLB值高，容易形成水包油型油乳剂。

（四）铝胶的制备方法

铝胶的制备方法主要有三种，包括铝粉加烧碱合成法、明矾加碳酸钠合成法和三氯化铝与氢氧化钠合成法。

铝粉加烧碱合成法最为常用，其基本原理如下：

（1）$2Al(OH)_3 + 12H_2O + 3H_2SO_4 \longrightarrow Al_2(SO_4)_3 \cdot 18H_2O$。

（2）$Al_2(SO_4)_3 \cdot 18H_2O + 6NaOH \longrightarrow 2Al(OH)_3 + 2Na_2SO_4 + 18H_2O$。

三氯化铝与氢氧化钠合成法合成的铝胶含量低，透明无沉淀，目前广泛用于制备人用生物制品，佐剂效果良好，注射部位无硬结反应。其化学反应式为 $AlCl_3 + 3NaOH \longrightarrow Al(OH)_3 + 3NaCl$。

三、任务准备

(一)试剂与材料检查清单

试剂与材料	状　态	检查结果
7号白油	正常使用	合格 □　不合格 □
司盘-80(Span-80)	正常使用	合格 □　不合格 □
硬脂酸铝	正常使用	合格 □　不合格 □
石蜡油	正常使用	合格 □　不合格 □
羊毛脂	正常使用	合格 □　不合格 □
氢氧化钠	正常使用	合格 □　不合格 □
硫酸铝	正常使用	合格 □　不合格 □
无水氯化铝	正常使用	合格 □　不合格 □
烧杯、研钵、吸管、玻璃瓶、pH试纸、玻璃棒	正常使用	合格 □　不合格 □

(二)仪器设备检查清单

仪器设备	状　态	检查结果
高压蒸汽灭菌锅	正常待用状态	合格 □　不合格 □
天平	正常待用状态	合格 □　不合格 □
恒温水浴锅	正常待用状态	合格 □　不合格 □

四、任务操作

(一)白油佐剂的配制

取7号白油20 ml、司盘-80(Span-80) 5 ml、硬脂酸铝2 g,混合后用力振摇,116 ℃高压蒸汽灭菌30～40 min,冷却至50 ℃左右,再用力振摇至透明均质状,即为白油佐剂。

(二)弗氏佐剂的配制

称取羊毛脂5 g,逐滴加入优质石蜡油20 ml,边滴边研磨,分装于疫苗瓶中(每瓶8 ml),高压蒸汽灭菌(116 ℃ 30 min)后保存备用。

(三)氢氧化铝胶佐剂的配制

(1)先将无水氯化铝用去离子水加热溶解,配成25%的溶液,使用时再稀释成8%的溶液,加热至56～60 ℃。

(2)将氢氧化钠配成4%的溶液,加热至56～60 ℃。

（3）将氯化铝溶液放入反应容器中，维持温度 60 ℃，边搅拌边缓慢加入氢氧化钠溶液，当溶液 pH 达到 5.6～6.0 时，即为终点，继续搅拌 10 min，分装。121 ℃高压蒸汽灭菌 20 min 后的氢氧化铝胶佐剂为透明略带乳光液体，pH 为 5.5±0.1。

五、常见问题及注意事项

（1）氢氧化铝具有较强的吸附力，所以制胶过程中一般用软化水或去离子水洗涤。

（2）氢氧化铝为两性化合物，过酸或过碱都会失去胶态，故要掌握好化合时的 pH。

六、结束任务和清场

事　　项	状　　态	检查结果
天平	清洁后关闭	合格 □　　不合格 □
高压蒸汽灭菌锅	清洁后保存	合格 □　　不合格 □
恒温水浴锅	清洁后关闭	合格 □　　不合格 □
所用玻璃器皿	清洗干净	合格 □　　不合格 □
废弃物	回收放于指定位置	合格 □　　不合格 □
操作场地	按要求清洁干净	合格 □　　不合格 □

七、任务评价

评价阶段	序号	评价内容	评价标准	评价结果
操作前	1	明确任务要达到的目的	准确说出任务的目的	
	2	明确任务的原理	准确说出任务的原理	
	3	明确任务的操作步骤	准确说出任务的操作步骤	
	4	任务所需试剂和仪器的准备	正确准备所需试剂和仪器	
操作中	5	操作过程	操作规范，方法正确	
	6	仪器的使用	操作规范，方法正确	
	7	操作现象的要求	操作中出现的现象与要求一致	
	8	任务报告	任务报告规范完整，结果正确	
操作后	9	操作时间	按时完成	
	10	清场	按要求完成清场	

任务二　大肠埃希菌灭活疫苗的制备

扫码看 PPT

一、学习目标

(一)知识目标

(1)了解疫苗的概念、性质和分类。

(2)熟悉疫苗制备的基本工艺。

(3)掌握细菌性灭活疫苗的制备方法。

(二)能力目标

(1)能够正确说出疫苗制备的基本工艺。

(2)能够正确制备细菌性灭活疫苗。

(三)素质目标

(1)具有良好的责任意识及团结协作的精神。

(2)具有认真、细致、严谨的工作作风。

(3)具有勤于思考、善于观察、善于学习的精神。

二、知识链接

(一)疫苗的概念

疫苗指由微生物或其代谢产物(如细菌类毒素)制成,并可诱导机体产生自动免疫的抗原性制品。疫苗保留了病原菌刺激机体免疫系统的特性。当机体接触到这种不具伤害力的病原菌后,免疫系统便会产生一定的保护物质,如免疫激素、活性生理物质、特殊抗体等;当机体再次接触到这种病原菌时,机体的免疫系统便会依循其原有的记忆,制造更多的保护物质来阻止病原菌的伤害。

(二)疫苗的类型

1. 根据制剂中微生物的性质分类　分为灭活疫苗和减毒活疫苗。

(1)灭活疫苗:利用物理或化学方法将病原菌杀死或灭活而制成的制剂。如乙型肝炎灭活疫苗、百日咳灭活疫苗等。灭活疫苗失去致病力,但仍保留其免疫原性,可刺激机体产生免疫力。

(2)减毒活疫苗:采用人工方法使病原菌产生定向变异,使其极大程度地丧失致病性，但仍保留一定的剩余毒力、免疫原性和繁殖能力，或直接从自然界筛选毒性极低或无毒的病原菌制成的制剂。如麻疹疫苗、卡介苗等。

2. 根据制剂中所含微生物的种类分类 分为细菌类疫苗和病毒类疫苗。

(1)细菌类疫苗:由细菌或细菌类毒素制成的疫苗，如卡介苗、破伤风疫苗等。

(2)病毒类疫苗:由病毒、衣原体、立克次体等制成的疫苗，如麻疹减毒活疫苗、腮腺炎减毒活疫苗等。

(三)灭活疫苗和减毒活疫苗的区别

(1)灭活疫苗使用比较安全，易于保存。由于灭活疫苗接种后不能在体内生长繁殖，对机体的刺激时间短，免疫力维持时间较短(6 个月～2 年)，要获得强而持久的免疫，需多次接种。

(2)减毒活疫苗接种后，使机体产生一次轻微感染，但不会发病，从而获得免疫力。故接种量小，接种次数少，免疫效果好，免疫时间长(3～5 年)，机体反应小。但减毒活疫苗不易保存，可冻干保存。

(四)细菌性灭活疫苗制备工艺流程

细菌性灭活疫苗制备的基本程序为菌种的选择和种子的生产、菌液培养、灭活、配苗和分装，在此过程中还包括菌种检验、半成品检验以及成品检验。

三、任务准备

(一)试剂与材料检查清单

试剂与材料	状　态	检查结果
大肠埃希菌	正常使用	合格 □　不合格 □
营养琼脂培养基	正常使用	合格 □　不合格 □
营养肉汤培养基	正常使用	合格 □　不合格 □
甲醛溶液	正常使用	合格 □　不合格 □
吐温-80	正常使用	合格 □　不合格 □
移液器及吸头	正常使用	合格 □　不合格 □
血细胞计数板	正常使用	合格 □　不合格 □
烧杯、研钵、吸管、玻璃瓶、pH 试纸、玻璃棒、移液管、试管及胶塞	正常使用	合格 □　不合格 □

(二)仪器设备检查清单

仪器设备	状态	检查结果
超净工作台	正常待用状态	合格 □　不合格 □
高压蒸汽灭菌锅	正常待用状态	合格 □　不合格 □
天平	正常待用状态	合格 □　不合格 □
恒温培养箱	正常待用状态	合格 □　不合格 □
离心机	正常待用状态	合格 □　不合格 □

四、任务操作

(一)大肠埃希菌菌液培养

1. 种子培养　将大肠埃希菌菌种,分别接种于小管或小瓶普通肉汤培养基中,置于 36～37 ℃下保温 18～24 h。

2. 扩大培养　将种子液接种于蛋白胨营养琼脂培养基表面,36～37 ℃保温 24 h。加适量灭菌生理盐水将细菌清洗,装入锥形瓶中,充分振荡菌液,使细菌分散开。

3. 纯检　将培养的细菌菌液接种于琼脂培养基表面,于 36～37 ℃下保温 24 h。观察菌落大小,应均匀一致。

4. 细菌计数　用血细胞计数板测定菌数,将菌数调整为 15 亿/ml。

(二)细菌灭活

按菌液体积加入终浓度为 0.3%的甲醛溶液,于 37 ℃温箱中灭活 24 h,其间振荡数次。灭活后取少量菌液,接种于普通营养琼脂平板,37 ℃培养 24～48 h,进行灭活检验。菌液灭活后应无菌生长。

(三)乳化配苗

灭活的菌液加入 2%～4%吐温-80 充分混匀后作为水相,按 2∶3(或 1∶1)的比例将水相缓慢加入油相中,边加边高速搅拌,按同一方向研磨,继续研磨一段时间,使之成为油包水型溶液,滴落水中油滴不分散,保存半年至一年,油水不分层。

(四)成品检验

1. 物理性状　外观为乳白色乳剂。静置后,上层有微量淡黄色液体,下层有少量灰白色沉淀。

2. 剂型(油包水型) 取一清洁吸管，吸取少量疫苗滴于冷水中，第一滴分散属正常现象，以后各滴均应不分散。

3. 稳定性检验 可取疫苗装于试管内，3000 r/min 离心 15 min，应不出现水层。

4. 黏度检验 用 1 ml 吸管(下口的内径为 1.2 mm，上口的内径为 2.7 mm)吸取 25 ℃左右的疫苗 1 ml，垂直自然流出，记录流出 0.4 ml 所需的时间，3 次平均值应在 10 s 以下。

5. 无菌检验 将成品直接接种于适合该菌生长的培养基中，共 2 支，每支 0.2 ml，1 支置于 37 ℃培养，另 1 支置于 25 ℃培养，均应无菌生长。

五、常见问题及注意事项

注意无菌操作的规范性，避免染菌。

六、结束任务和清场

事　　项	状　　态	检查结果
超净工作台	清洁后关闭	合格 □　　不合格 □
高压蒸汽灭菌锅	清洁后保存	合格 □　　不合格 □
天平	清洁后关闭	合格 □　　不合格 □
恒温培养箱	清洁后关闭	合格 □　　不合格 □
离心机	清洁后关闭	合格 □　　不合格 □
所用玻璃器皿	清洗干净	合格 □　　不合格 □
废弃物	回收放于指定位置	合格 □　　不合格 □
操作场地	按要求清洁干净	合格 □　　不合格 □

七、任务评价

评价阶段	序号	评价内容	评价标准	评价结果
操作前	1	明确任务要达到的目的	准确说出任务的目的	
	2	明确任务的原理	准确说出任务的原理	
	3	明确任务的操作步骤	准确说出任务的操作步骤	
	4	任务所需试剂和仪器的准备	正确准备所需试剂和仪器	

评价阶段	序号	评价内容	评价标准	评价结果
操作中	5	操作过程	操作规范,方法正确	
	6	仪器的使用	操作规范,方法正确	
	7	操作现象的要求	操作中出现的现象与要求一致	
	8	任务报告	任务报告规范完整,结果正确	
操作后	9	操作时间	按时完成	
	10	清场	按要求完成清场	

主要参考文献

[1] 陈梁军,牛红军. 生物制药工艺技术[M]. 2 版. 北京:中国医药科技出版社,2021.

[2] 王永芬,刘黎红,孙祎敏. 生物制品生产技术[M]. 北京:化学工业出版社,2013.

[3] 白雪洁,彭坤. 生物分离与提纯[M]. 北京:中国医药科技出版社,2021.

[4] 辛秀兰. 生物分离与纯化技术[M]. 北京:科学出版社,2008.

[5] 国家药典委员会. 中华人民共和国药典(2020 年版)[S]. 北京:中国医药科技出版社,2020.

[6] 臧学丽,李宁. 实用发酵工程技术[M]. 2 版. 北京:中国医药科技出版社,2021.

[7] 杨慧林. 发酵工艺学实验[M]. 北京:科学出版社,2018.

[8] 吴根福. 发酵工程实验指导[M]. 3 版. 北京:高等教育出版社,2021.

[9] 姜伟,曹云鹤. 发酵工程实验教程[M]. 北京:科学出版社,2014.

[10] 兰蓉. 细胞培养技术[M]. 2 版. 北京:化学工业出版社,2017.

[11] 王金发,何炎明,刘兵. 细胞生物学实验教程[M]. 2 版. 北京:科学出版社,2015.

[12] 刘小玲,孙鹂. 动物细胞培养技术[M]. 北京:化学工业出版社,2013.